“十四五”高等教育教学改革新形态教材
国家级线上线下混合式一流课程配套教材
南京大学百门优质课程系列教材

电路基础综合设计实验教程

编著　张丽敏　赵清源
康　琳　徐　鲲
陈　艺

课程资源

微信扫码

- 基础研究实验
- 实用研究实验
- 综合实验案例
- 仿真基础教程
- AD教学视频

南京大学出版社

图书在版编目(CIP)数据

电路基础综合设计实验教程 / 张丽敏等编著. —南京：南京大学出版社，2024.5

ISBN 978-7-305-26968-4

Ⅰ.①电… Ⅱ.①张… Ⅲ.①电子电路—电路设计—实验—教材 Ⅳ.①TN702—33

中国国家版本馆 CIP 数据核字(2023)第 076069 号

出版发行 南京大学出版社
社　　址 南京市汉口路 22 号　　　邮　　编 210093

书　　名 电路基础综合设计实验教程
DIANLU JICHU ZONGHE SHEJI SHIYAN JIAOCHENG
编　　著 张丽敏　赵清源　康　琳　徐　鲲　陈　艺
责任编辑 高司洋　　　编辑热线 025-83592146

照　　排 南京开卷文化传媒有限公司
印　　刷 常州市武进第三印刷有限公司
开　　本 787 mm×960 mm　1/16　印张 10　字数 180 千
版　　次 2024 年 5 月第 1 版　2024 年 5 月第 1 次印刷
ISBN 978-7-305-26968-4
定　　价 35.00 元

网　　址:http://www.njupco.com
官方微博:http://weibo.com/njupco
微信服务号:njuyuexue
销售咨询热线:(025)83594756

前言 | FOREWORD

本教材是一本电路基础的实验教程，是教学团队在累积了8年的电路翻转课堂的教学改革的基础上，经整理补充提炼而成。“电路”是电类及电子信息类专业的第一门技术基础课程，为培养学生扎实的电路分析能力，从电路的实用化和工程性特点考虑，电路的建模、参数的优化设计等是本教材的关注点，为此，在主要实验中都配有电路的建模、仿真设计及优化过程的教学视频。

电路的教学通常是配有理论和实验两门课程。实验课通常是按照理论课教学的内容进行安排，目的是使学生熟悉和认识常见的电子元器件，掌握常用仪器设备的使用，验证理论，加深对基本概念的理解，达到深化理论教学和培养学生动手能力的目的。现有电路实验教材，已按照预定设计，按部就班地计划好了大部分的实验步骤，留给学生发挥创造的空间并不大，在一定程度上限制了同学创新性的思维。

近二十年来，随着集成电路技术、光电子技术、量子信息技术等科学技术的快速发展，特别是中国科技的崛起，民族的复兴，对人才的培养提出了更高要求。为了使电路这门课程的教学适应时代的发展和变化，我们努力探索电路教学的改革，本着强化理论与实验的融合过程，提升实际动手能力和拓展创新思维的目标，编创了这本《电路基础综合设计实验教程》。

对于基础课的教学，知识传授是基本目标，激发思维能力，启发研究兴趣，享受学习过程，这样的高阶教学目标更为重要。因此，本教材具有以下特色：

1. 夯实基础，强调“认识→实践→启发→理解”的自然学习模式

根据理论课知识点，设计了叠加定理研究、一阶RC电路、晶体管器件特性测量和基于运放的电压放大电路共 4 组基础研究实验，目的是夯实理论基础知识，在熟悉理论的前提下自行设计验证性实验，强化从“认识→实践→启发→理解”的自然学习过程。

2. 扩展知识边界，边学边用、提升主动学习动力

实用研究实验主要是为后续的综合设计实验补充的预备知识。由于教材的使用者是大学一年级的学生，所涉及的知识面有限，因此，这里扩展了有源滤波器设计、波形发生器设计和电压比较器与峰值检测电路设计 3 个实用研究实验。以此来拓展学生的知识边界，即学即用、提升主动学习动力和研究兴趣。

3. 强化教与学过程的“寓教于乐、寓学于乐”，启迪创新思维

综合设计实验目的是实现教学的高阶目标，在这一部分中，我们收集编创了 8 年来翻转课堂实验教学中学生实验成果的优秀范例。综合设计实验并没有固定的实验题目，每年我们都会基于社会的时尚科技热点和教师的科研任务来微调教学内容，以提升“寓教于乐、寓学于乐”的感受，享受过程的同时培养学生对科研的兴趣。

以 2023 年综合设计实验为例，实验任务是“魔法火车小镇”。将乐高火车拼接的铁轨周边划分为 9 个区域，9 个实验小组各认领一块区域，以“我们在一起”为宗旨，全班共同协作，完成这个火车小镇的设计和构建，经历一遍从“构思—设计—实现—测试”的电路学习全过程，践行“学以致用，实践检验”的培养目标。同学们五彩斑斓的创新思维和美好的生活愿望都体现在了他们的 9 个实验主题中—重返霍格沃茨、秦淮大剧院、欢迎来到拉斯维加斯、魔法魁地奇、太空电梯、秘密花园、秒速五厘米、小丑嘉年华和九又四分之三站台。作为电子人的第一个电路作品，目标设置的远大美好，实现过程却痛苦并快乐着，一遍遍修改的方案，一块块废掉的电路板，调不出参数的焦虑以及午夜回归宿舍的疲累，都化解在最终成果的快乐中。当彩灯闪烁，乐声叮当，飞轮旋转的“SPOC_EE 动感火车小镇”展示在电子学院大厅时，同学们的快乐和自豪是那样的恣意和奔放。有呼有应的教学过程，激发的不仅是同学的学习热情，也激励着教师的育人责任心。

编　者

2024 年 2 月

目 录 | CONTENTS

第1章

基础研究实验

实验1.1 叠加定理研究

一、实验目的

【微信扫码】

学习叠加定理,本实验研究叠加定理的适用条件,包括线性电阻电路和非线性电阻电路。

二、实验仪器

示波器、信号发生器、数字万用表、直流稳压电源。

三、预习内容

叠加定理、叠加定理适用条件和非线性电阻元件二极管的伏安特性曲线。

线性电阻元件的伏安特性可以用欧姆定律来表示,即 $u=Ri$,在 $u-i$ 平面上它是通过坐标原点的一条直线。非线性电阻元件的电压电流关系不满足欧姆定理,而是遵循某种特定的非线性函数关系。

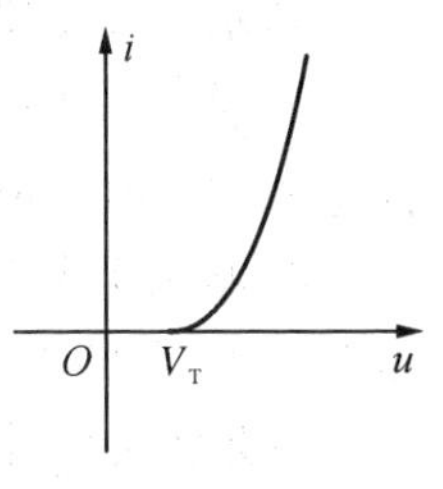

图1-1-1 二极管正向伏安特性曲线

对于二极管,其正向伏安特性曲线如图1-1-1所示,当正向加压小于阈值电压 V_T,二极管未开启,其电流几乎为零,当正向加压大于等于阈值电压 V_T,二极管导通,存在正向导通电流。进行叠加定理电路研究时,需考虑二极管这两种工作状态。

四、实验内容

1. 设计纯电阻电路,要求包含两个电压源,电路中电压源大小和电阻取值应依据电阻功率进行设计，建议各支路电流值在 10 mA 以内。分别测试各支路两个电压源共同作用及单独作用下的电流和电压，研究叠加定理的可行性。

2. 设计含二极管的电路，要求包含两个电压源，电路中电压源大小和电阻取值应依据电阻功率和二极管可通过电流进行设计，建议各支路电流值在 10 mA以内。分别测试各支路两个电压源共同作用及单独作用下的电流和电压，研究叠加定理的可行性，注意二极管未开启和导通两种情况的影响。

五、思考题

1. 二极管未开启时，叠加定理适用吗？请解释原因。
2. 二极管导通时，部分支路满足叠加定理，是合理的吗？请解释原因。

预备实验　基尔霍夫定律

一、实验目的

理解基尔霍夫定律。

二、实验仪器

【微信扫码】

示波器、信号发生器、数字万用表、直流稳压电源。

三、预习内容

基尔霍夫定律。

1. 基尔霍夫电流定律(KCL)：在任一时刻，对任一节点，所有流入节点的支路电流的代数和恒为零，即$\sum I=0$。KCL 的实质是电荷守恒。

2. 基尔霍夫电压定律(KVL)：在任一时刻，沿任一回路，所有支路电压的代数和恒为零，即$\sum U=0$。KVL 的实质是能量守恒。

基尔霍夫定律是电路中支路电流和支路电压之间的约束关系，与支路的性质无关，适用于任何电路。

四、实验内容

1. 测量二极管 1N4007 的伏安特性曲线，注意电流不要超过手册规定电流。

2. 实验电路如图1-1-2所示，取$R_1=510\ \Omega$、$R_2=1\ \mathrm{k}\Omega$、$R_3=510\ \Omega$、$R_4=510\ \Omega$、$R_5=330\ \Omega$。调节电压源U_{S1}为12 V、电压源U_{S2}为6 V。电流、电压的正方向用脚标表示，如脚标AF表示正方向为$A\rightarrow F$。测量时将电压表和电流表的正极接至正方向的起始点(以后实验不再说明)。若测量值为正，则实际方向与正方向相同；如为负，则相反。测量流出节点A的电流I_{AF}、I_{AB}和I_{AD}，验证$\sum I_A=0$。

3. 测量回路$AFEDA$的电压U_{AF}、U_{FE}、U_{ED}、U_{DA}，验证$\sum U_{AFEDA}=0$。测量回路$ABCDA$的电压U_{AB}、U_{BC}、U_{CD}、U_{DA}，验证$\sum U_{ABCDA}=0$。

4. 用二极管D_1代替R_3(V_1的正极接H点，负极接D点)重新测试。

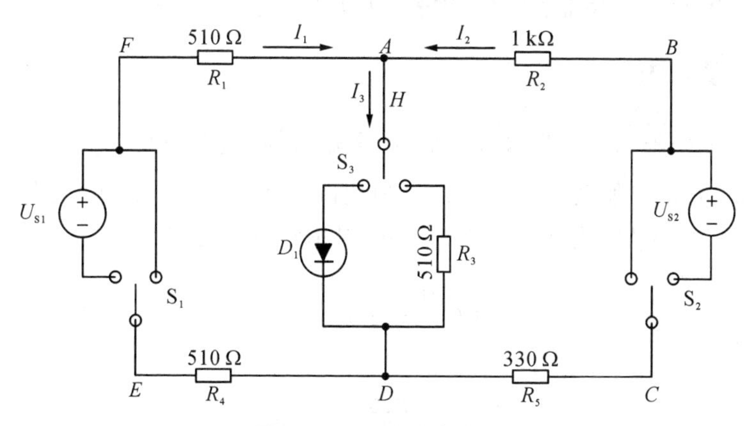

图1-1-2　实验电路图

五、思考题

验证KCL和KVL时，须先对最大测量误差进行估计，试从实验仪器测量精度和实验方法等方面估计本实验的最大测量误差。

实验 1.2　一阶 RC 电路

一、实验目的

学习一阶 RC 电路，研究 RC 电路的时域、频域特性。

二、实验仪器

示波器、信号发生器、数字万用表、直流稳压电源。

三、预习内容

1. 回顾一阶 RC 电路零状态响应、零输入响应、全响应

一阶 RC 电路如图 1-2-1 所示，其时间常数为 τ，取输出电压为电容两端的电压 u_c（初始状态为 0）进行时域分析，其电路方程为

$$RC\frac{du_c}{dt}+u_c=u_s \tag{1-1}$$

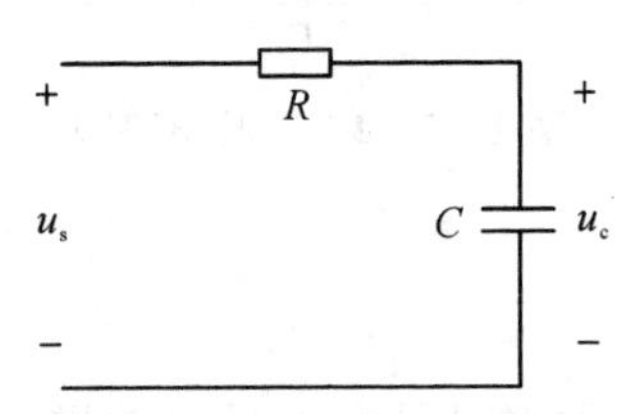

图 1-2-1　一阶 RC 电路

假设 u_s 为方波，幅值为 V_s，分为三种情况 $\frac{T}{2}\ll\tau$、$\frac{T}{2}=\tau$、$\frac{T}{2}\gg\tau$ 讨论。

当 $\frac{T}{2}\ll\tau$，从 0 时刻起，满足零状态响应 $u_c(t)=V_s(1-e^{-\frac{t}{\tau}})$，通过时间可求出在 u_s 第一个下降沿到来时电容两端的电压值 V_{o1}。由于 $\frac{T}{2}\ll\tau$，所以充电时间较短；当半周期结束 u_s 为 0 V 时，此时对应零输入响应 $u_c(t-T)=V_{o1}e^{-\frac{(t-T)}{\tau}}$，电容放电至 V_{o2}；到第二个周期时，此时波形为全响应 $u_c(t)=V_{o2}e^{-\frac{t}{\tau}}+$

$V_s[1-e^{-\frac{(t-T)}{\tau}}]$；如此循环，若干个周期后，充放电达到稳定，输出波形类似三角波输出，其波形如图1-2-2所示。在示波器上观察时，只能看到稳定状态，此时u_c很小，因此可将式(1-1)近似看作$RC\frac{du_c}{dt}\approx u_s$，即$u_c\approx\frac{1}{RC}\int u_s dt$，输出电压可近似看作输入信号的积分。尝试结合输入、输出波形，自行分析另外两种情况。

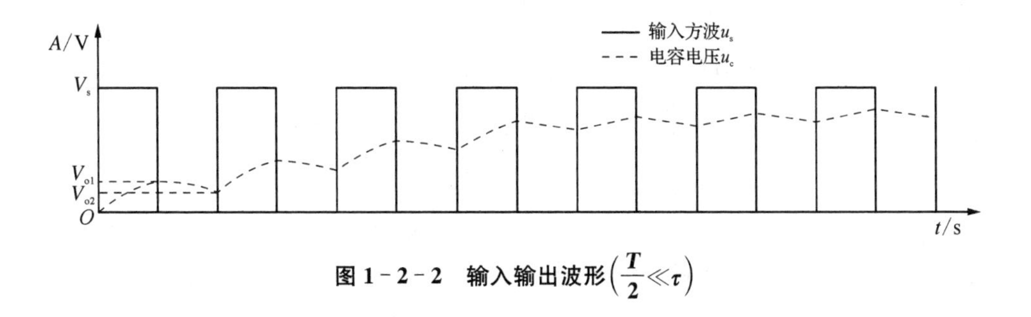

图1-2-2　输入输出波形$\left(\frac{T}{2}\ll\tau\right)$

2. 从频域分析一阶RC电路的特性

下面从频域的角度对该电路进行分析，可得其传输函数为

$$H(j\omega)=\frac{\dot{u}_c}{\dot{u}_s}=\frac{\frac{1}{j\omega C}}{\frac{1}{j\omega C}+R}=\frac{1}{1+j\omega RC} \tag{1-2}$$

取$f_L=\frac{1}{2\pi RC}$为截止频率，可得$H(j\omega)=\frac{1}{1+j(f/f_L)}$。

将$H(j\omega)$分别用幅值(模)和相角表示，可得

$$|H(j\omega)|=\frac{1}{\sqrt{1+(f/f_L)^2}} \tag{1-3}$$

$$\varphi(\omega)=-\arctan(f/f_L) \tag{1-4}$$

根据公式(1-3)(1-4)可画出对应的幅频特性曲线以及相频特性曲线，如图1-2-3所示。由幅频特性曲线可以看出，对于一阶系统来说，截止频率f_L处，幅值衰减3 dB，随着频率的增加，每10倍频程幅值衰减20 dB；从相频特性曲线可以看出，截止频率f_L处的相位与通频带相比滞后了45°，随着频率增加，最终趋于-90°。对于高通RC电路，可得出类似的结论。

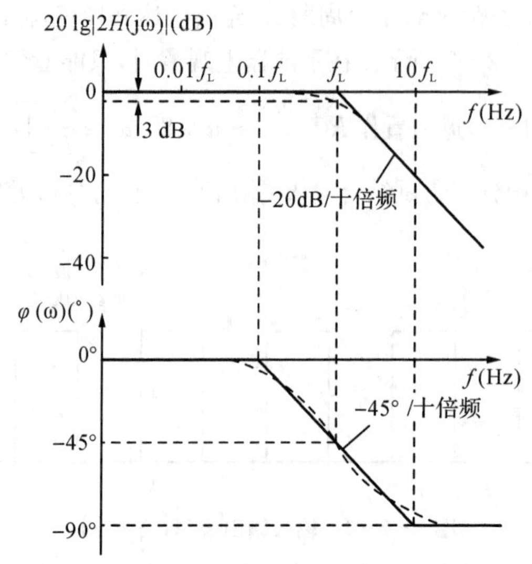

图 1-2-3 RC 低通电路的幅频/相频特性曲线

四、实验内容

按照图 1-2-1 电路完成连接，其中 R、C 的值自行设计。

1. 计算出对应的时间常数 τ 。改变输入信号频率，分析并记录 $\frac{T}{2} \ll \tau$、$\frac{T}{2} = \tau$、$\frac{T}{2} \gg \tau$ 三种情况对应的输入输出波形。

2. 计算出截止频率 f_L，改变输入信号频率，测绘电路的幅频特性曲线及相频特性曲线。

将 R、C 位置互换，输出信号取 R 上的电压，进行分析，并重复上述步骤画出输入输出波形和幅频特性曲线、相频特性曲线。

五、思考题

1. 如何从频域的角度解释 $\frac{T}{2} \ll \tau$、$\frac{T}{2} = \tau$、$\frac{T}{2} \gg \tau$ 对应的输出波形？
2. 对换 R、C 位置后，输出、输入在哪种情况下对应微分关系？
3. 对应 f_L、10 倍 f_L 的增益和相移，可以得到什么规律？
4. 若将一阶电路级联构成多阶的 RC 电路，应注意什么？

实验 1.3　晶体管器件特性测量

一、实验目的

掌握 MOSFET 的特性曲线，研究 CMOS 电路的特性。

【微信扫码】

二、实验仪器

示波器、信号发生器、数字万用表、直流稳压电源。

三、预习内容

1. 学习相关理论知识，阅读 2N7000、2N7002、BSS84 器件手册，了解其特性。

2. 互补 CMOS 电路。

互补 CMOS 电路如图 1-3-1 所示，由 N 沟道增强型 NMOS 和 P 沟道增强型 PMOS 组成，将两只 MOS 管的栅极连在一起作为输入端，漏极连在一起作为输出端。在数字电路中，该电路可作为基本单元电路反相器；在模拟电路中，也可作为推挽输出电路。

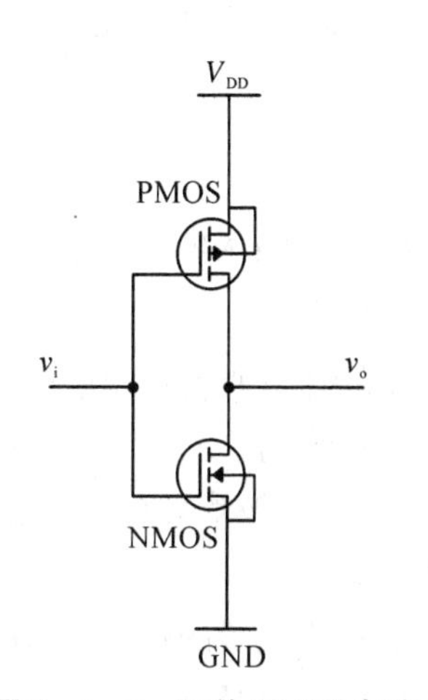

图 1-3-1　互补 CMOS 电路

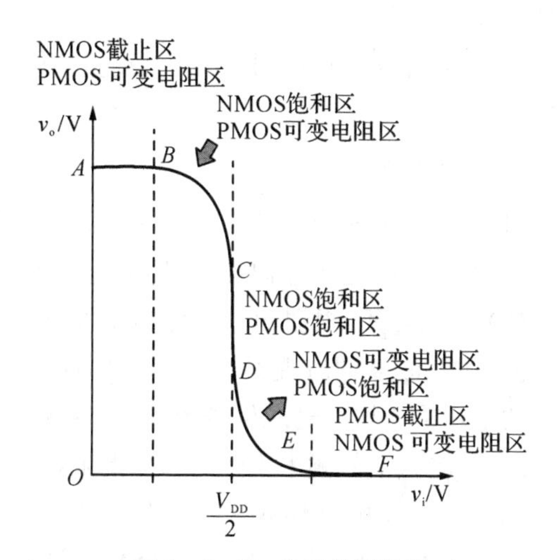

图 1-3-2　电压传输特性

该电路的电压传输特性曲线如图 1－3－2 所示，可分为 5 个阶段：

(1) 当输入 v_i 较小时，NMOS 截止，$v_o \approx V_{DD}$，对应图 AB 段。

(2) 当 v_i 增大，大于 NMOS 开启电压时，工作在饱和区，i_{DN} 随 v_i 的增加而增大，使得 v_o 开始变小。而 PMOS 的 v_{DS} 较小，工作在可变电阻区，对应图 BC 段。

(3) 随着 v_o 减小，PMOS 的 v_{DS} 减小，两个 MOS 管均工作在饱和区，此时 $v_i = V_{DD}/2$，漏极电流达到最大值，对应图中 CD 段。

(4) 当 v_o 进一步减小，NMOS 的 v_{DS} 变小，工作在可变电阻区，PMOS 仍工作在饱和区，对应图中 DE 段。

(5) 当 v_i 增大，PMOS 的 v_{GS} 增大，截止，输出 $v_o \approx 0$，对应图 EF 段。

由此可见，当工作在 AB 或 EF 段时，总有一个 MOS 管工作在截止区，因此漏极电流几乎没有，而单个 MOS 管的截止和导通可作为开关作用。当工作在 BC、CD、DE 三段时，两管总有一个工作在饱和区，电路具有放大作用。

四、实验内容

1. MOSEFET

(1) 根据 NMOS 管 2N7000 器件参数，选择合适的栅源电压 v_{GS} 使得 NMOS 分别处于导通和不导通状态，测量不同的 v_{DS} 下漏极电流 i_D，画出输出特性曲线。

(2) 选取合适的漏源电压 v_{DS}，测量不同的 v_{GS} 下漏极电流 i_D，画出转移特性曲线。

2. CMOS 互补电路

(1) 用 NMOS 管 2N7002 和 PMOS 管 BSS84 搭建互补 CMOS 电路，选择合适的输入电压，记录输出电压，绘制电压传输特性曲线。

(2) 开关作用：根据测量的传输特性曲线，在输入端给一个幅度、频率合适的方波，用示波器同时观察输入信号及输出信号，并进行绘制，在图中标出输出波形的电压值。增大输入信号的频率，观察输出波形，当输出波形无法正常显示时，此时的输入信号频率为输入频率上限，并将其记录为 f_{max}。

(3) 放大作用：在输入端给一个小信号带有 $V_{DD}/2$ 直流偏置的正弦波，用示波器同时观察输入、输出波形，测绘波形并记录输入输出的峰峰值，并计算放大倍数。增大正弦波的幅值，记录波形的失真情况。

五、思考题

1. MOS管的导通截止由什么参数决定？

2. 互补电路输入方波时，当输入信号频率增大时，波形为何会失真？

3. 互补电路用来放大时，当正弦波幅值增大，输出波形为何会发生失真？由什么参数决定？

扩展知识

晶极管可分为FET和BJT两类，其中FET又可分为金属-氧化物-半导体场效应管(metal-oxide-semiconductor field effect transistor, MOSFET)和结型场效应管(junction field effect transistor, JFET)。下面主要介绍MOSFET与BJT的结构原理。

1. MOSFET结构原理

MOSFET可分为四种：增强型(E型)N(电子型)MOS管、耗尽型(D型)NMOS管、E型P(空穴型)MOS管、D型PMOS管。以E型NMOS为例，其符号如图1-3-3所示。其工作原理如下。

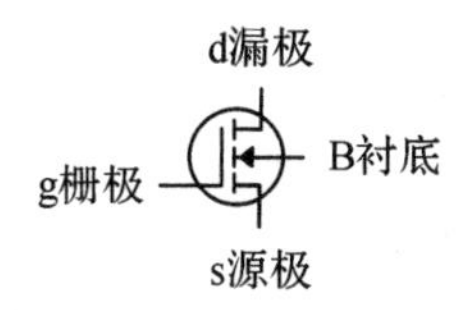

图1-3-3 E型NMOS符号

(1) 当$v_{GS}=0$时，无导电沟道，$i_D=0$，对应图1-3-4(a)。

(2) 当$0<v_{GS}<V_T$时，产生电场，但导电沟道尚未形成，$i_D=0$，对应图1-3-4(b)。

(3) 当$v_{GS}\geqslant V_T$时，在电场的作用下产生反型层(感生沟道)，v_{GS}越大，沟道越厚，V_T称为E型NMOS管的开启电压，对应图1-3-4(c)。

(4) 当v_{GS}一定(如$v_{GS}=2V_T$)时，若在漏源两极加上电压v_{DS}(如$v_{DS}=0.5V_T$)，则电流i_D生成，对应图1-3-4(d)。$v_{GD}=v_{GS}-v_{DS}$，当v_{DS}

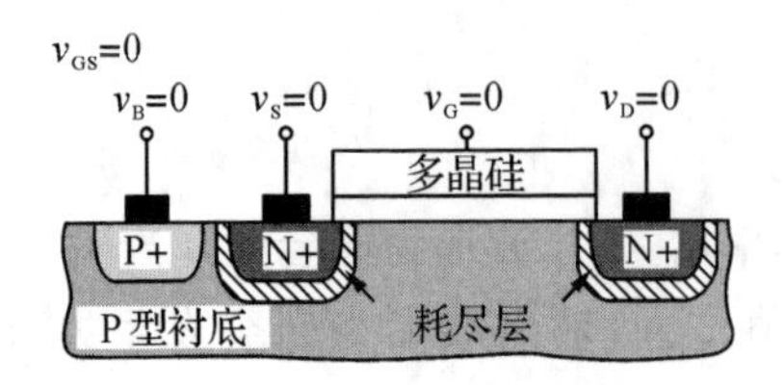

(a) $v_{GS}=0$，截止状态

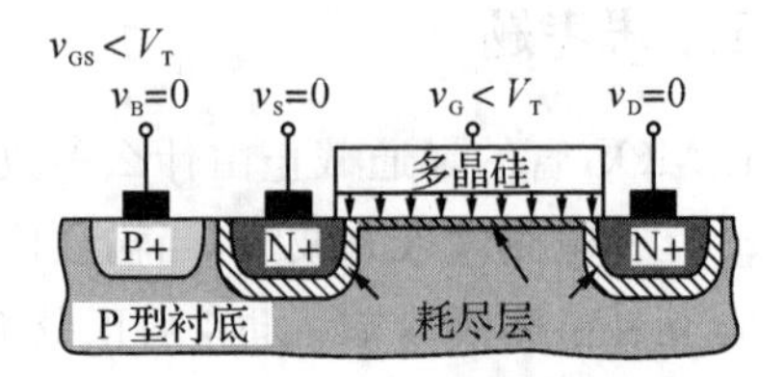

(b) $0<v_{GS}<V_T$，截止状态

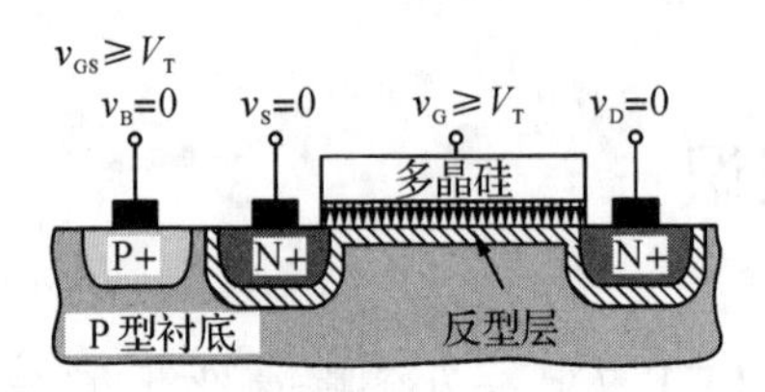

(c) $v_{GS}\geqslant V_T$，导通状态

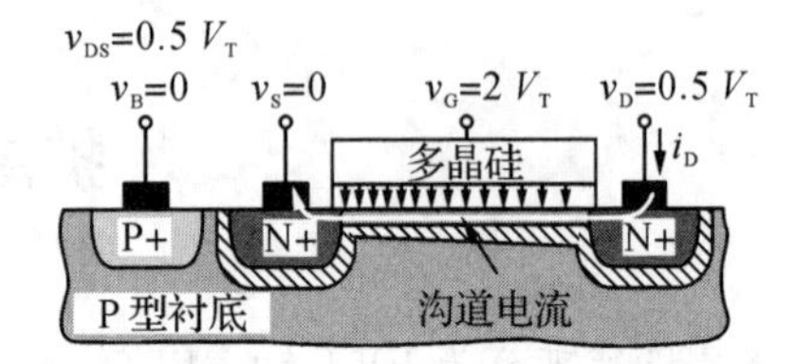

(d) $v_{DS}=0.5\ V_T$，形成沟道电流

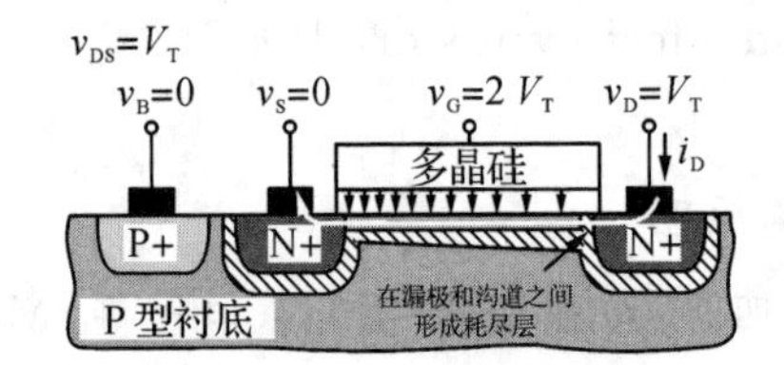

(e) $v_{DS}=v_{GS}-V_T$，预夹断临界点

图 1-3-4　E 型 NMOS 管工作原理图

继续增加时，v_{GD} 减小。在电场的作用下，感生沟道靠近源端厚，漏端薄，呈楔形。

(5) 当 v_{DS} 增大到 V_T 时，此时 $v_{DS}=v_{GS}-V_T$，在紧靠漏极处出现预夹断，对应图 1-3-4(e)；当 v_{DS} 继续增加，夹断区也将延长。但由于夹断区长度相比沟道长度短得多，而漏端电场强度很高，仍能形成漏极电流。继续增大 v_{DS}，增加的部分主要作用于夹断区，因而 v_{DS} 上升，i_D 趋于饱和。

PMOS 管为 N 型衬底，P 沟道，与 NMOS 管刚好相反，其原理与 NMOS 管类似。正常工作时，E 型 PMOS 管的开启电压 V_T 为负值，v_{DS} 也为负值。

2. MOSFET 特性方程与曲线

(1) 输出特性

当栅源电压一定时，漏极电流 i_D 与漏源电压 v_{DS} 之间的关系即为 MOSFET 的输出特性，其特性方程可表达为

$$i_D = f(v_{DS})\big|_{v_{GS}=常数} \tag{1-5}$$

对于E型NMOS管，其测试电路图如图1-3-5所示，调节 v_{GS} 为定值，改变 v_{DS} 的值，测量输出特性曲线。图1-3-6展示了在不同 v_{GS} 下E型NMOS管完整的输出特性曲线。$v_{DS} = v_{GS} - V_T$ 是预夹断的临界条件，如图中左边的虚线所示，该轨迹也是可变电阻区和饱和区的分界线。

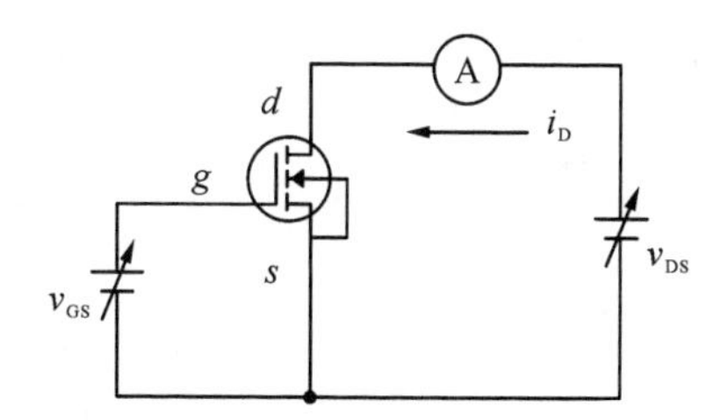

图1-3-5　E型NMOS管测试图

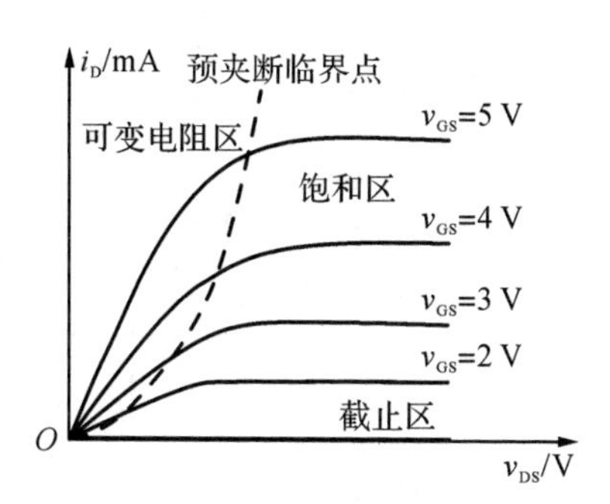

图1-3-6　E型NMOS管输出特性

(2) 转移特性

转移特性是指 v_{DS} 一定时，栅源电压 v_{GS} 与漏极电流 i_D 的关系，即

$$i_D = f(v_{GS})\big|_{v_{DS}=常数} \tag{1-6}$$

转移特性曲线可从输出特性曲线上得到，即相同 v_{DS} 下，所对应的不同 v_{GS} 时的电流大小。可在输出特性曲线作一条垂直 x 轴的直线，得到与各条输出特

性曲线的交点，将上述各点对应的 i_D 及 v_{GS} 画在坐标轴上，就可得到转移特性曲线，如图 1-3-7 所示。

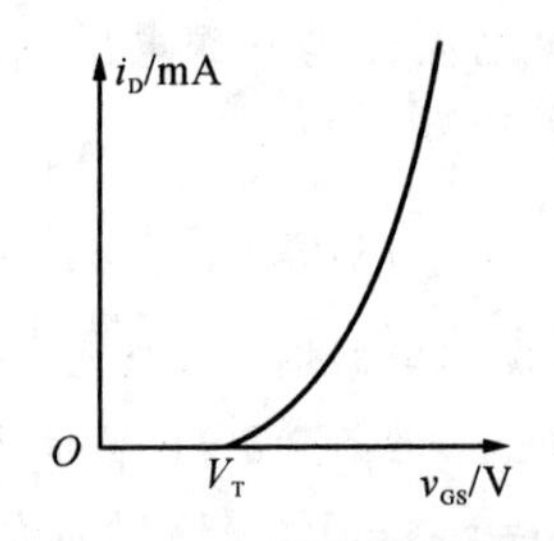

图 1-3-7　转移特性曲线

实验 1.4　基于运放的电压放大电路

一、实验目的

学习基于运放的电压放大电路，本实验研究运放的实际参数对放大倍数的影响。

二、实验仪器

示波器、信号发生器、数字万用表、直流稳压电源。

三、预习内容

1. 阅读 OP07 的“数据手册”，了解 OP07 的性能。
2. 运算放大器。

理想运放有以下假设(并非理想运放的全部假设)：

(1) 开环增益无穷大，$A_{ao}\to\infty$；

(2) 输入阻抗无穷大，$R_{ai}\to\infty$；

(3) 输出电阻为零，$R_{ao}\to 0$。

以上假设使电路分析大大简化，得到的结果往往十分简洁。

然而在许多场合，理想运放的假设并不成立。以 OP07 运算放大器为例，开环增益是随着频率升高而降低的，在低频 1 Hz 时约 110 dB，在高频约 600 kHz 时下降为 0 dB，差模输入阻抗典型值约 50 MΩ，输出电阻典型值约 60 Ω。在低频时可以看做开环增益无穷大，高频时则不成立。在输入信号源的输出阻抗不超过 1 kΩ，输入阻抗可以看做无穷大，如果输入信号源的输出阻抗为几百千欧或兆欧，输入阻抗无穷大不成立。

四、实验内容

基于运算放大器 OP07 设计低频增益分别为 1、10 和 50 倍的放大电路，研究 1 kHz 和 100 kHz 信号输入时增益特性，包括放大倍数和相位关系。进一步地，研究确定频率下输入信号大小不同时，输出信号和增益的变化。

电路设计不限，可同相放大，反相放大，单级放大或多级放大。

五、思考题

1. 电路在 1 kHz,100 kHz 时,增益特性有差异的原因是什么?
2. 如果输出信号呈现三角波,其产生原因是什么?
3. 输出最大信号与供电电源的关系是什么?
4. 输出漂移与放大倍数的关系是什么?

第 2 章

实用研究实验

实验 2.1　有源滤波器设计

一、实验目的

【微信扫码】

学习基于运放的电压放大电路，本实验研究运放的实际参数对放大倍数的影响。

二、实验仪器

示波器、信号发生器、数字万用表、直流稳压电源。

三、预习内容

学习滤波器设计知识，阅读 OP07 的“数据手册”。

滤波器分为无源滤波器和有源滤波器。对于只有电阻、电容、电感组成的滤波器为无源滤波器，对于由若干电阻、电容、电感以及运算放大器组成的滤波器为有源滤波器。有源滤波器较之无源滤波器，增益和品质因数更容易调整，且受负载影响较少，方便级联。有源滤波器根据运算放大器的连接增益进一步分为无限增益有源滤波器和有限增益有源滤波器。相比于无限增益滤波器，有限增益滤波器由于运算放大器组成有限增益放大器，运算放大器的性能如带宽对滤波器性能的影响相对较小。为此，本实验采用有限增益有源滤波器设计。

按照滤波带宽，滤波器又可以进一步分为低通滤波器、高通滤波器、带通滤波器和带阻滤波器。通常将一阶滤波器或二阶滤波器作为基本单元，高阶滤波器由多个一阶单元或二阶单元级联而成。

对于二阶基本单元，不同种类的滤波器具有不同的传递函数表达式。

典型的低通二阶基本单元传递函数为

$$A(s)=\frac{V_O(s)}{V_I(s)}=\frac{A_0\omega_L^2}{s^2+\frac{\omega_L}{Q_L}s+\omega_L^2} \tag{2-1}$$

式中：A_0为增益；ω_L为特征角频率；Q_L为品质因数。不同品质因数，幅频响应的形状不同，品质因数越高，特征角频率附近的峰值越明显。由于是二阶系统，带外衰减为－40 dB/dec。

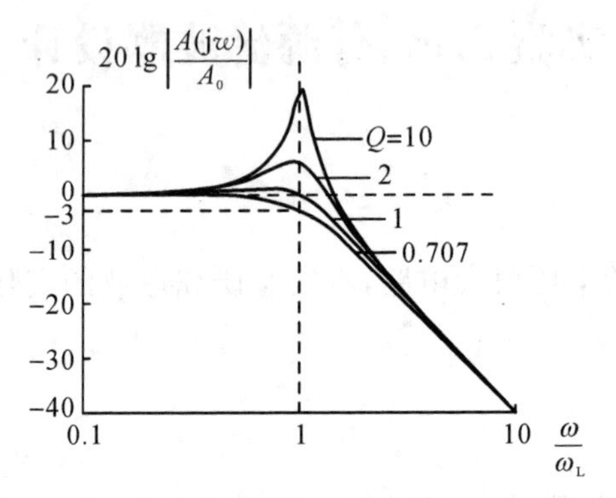

图 2－1－1　不同品质因数的低通滤波幅频响应

典型的高通二阶基本单元传递函数为

$$A(s)=\frac{V_O(s)}{V_I(s)}=\frac{A_0s^2}{s^2+\frac{\omega_H}{Q_H}s+\omega_H^2} \tag{2-2}$$

式中：A_0为增益；ω_H为特征角频率；Q_H为品质因数。由于是二阶系统，带外衰减为－40 dB/dec。

典型的带通二阶基本单元传递函数为

$$A(s)=\frac{V_O(s)}{V_I(s)}=\frac{A_0\frac{\omega_P}{Q_P}s}{s^2+\frac{\omega_P}{Q_P}s+\omega_P^2} \tag{2-3}$$

式中：A_0为增益；ω_P为特征角频率；Q_P为品质因数。由于是二阶系统，中心频率两边带外衰减各为－20 dB/dec。

典型的带阻二阶基本单元传递函数为

$$A(s)=\frac{V_O(s)}{V_I(s)}=\frac{A_0(s^2+\omega_z^2)}{s^2+\frac{\omega_N}{Q_N}s+\omega_N^2} \tag{2-4}$$

式中：A_0为增益；ω_N为特征角频率；ω_z为零点，Q_N为品质因数。

上述公式(2-1)～(2-4)中，令 $s=j\omega$，可以得到相应滤波器的频率特性函数，进一步求模可以得到幅频特性，求相位可以得到相频特性。

有源滤波器设计时，根据具体电路可以求得传递函数，根据分子形式可以确定其滤波类型，根据相应滤波器的传递函数表达式，可以求得相应的特征角频率、品质因数。

需要说明的是，对同一种二阶滤波电路，具体实现的电路中，电阻、电容、运算放大器的元件个数较多，滤波性能受元件参数变化的影响相对较少，即电路的灵敏度较低，电路工作较稳定。

四、实验内容

1. 参考图 2-1-2 所示电路设计一个二阶无源低通滤波器

该电路采用两个一阶低通电路串接而成，建议每个一阶低通电路的特征频率 $f_{L1}=\frac{1}{2\pi R_1C_1}$，$f_{L2}=\frac{1}{2\pi R_2C_2}$ 均设置为 1 kHz，电阻阻值选择在百欧姆以上，考虑到两个电路级联，第二级电路是第一级电路的负载，第二级电路参数的等效阻抗不低于第一级电路等效阻抗的 5 倍，即 R_2 和 C_2 的串联等效阻抗大于等于 5 倍的 C_1 等效阻抗。

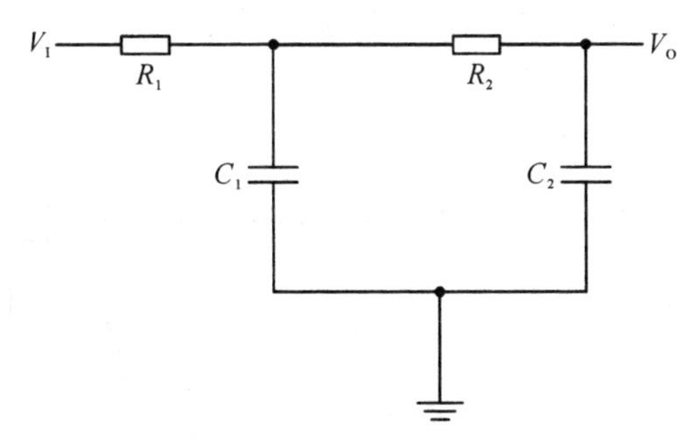

图 2-1-2　二阶无源低通滤波电路

通过给定输入信号的幅度，调整其频率，同步用示波器观测输入信号和输出信号，记录两者幅度和相位差，定义输出输入信号幅度比值为电路的增益，测试

1 Hz～10 kHz 范围内幅频和相频特性曲线，并记录特征频率（当增益衰减至通带增益的 0.707 倍时为特征频率）。

2. 参考图 2-1-3 所示电路设计一个二阶有源低通滤波器

该电路为有限增益二阶低通基本单元滤波器，其传递函数可以用公式（2-1）来表达，其中 $A_0 = A_{VF} = 1 + \frac{R_p}{R_4}, \omega_L = \frac{1}{\sqrt{R_1R_2C_1C_2}}, Q_L = \frac{\sqrt{R_1R_2C_1C_2}}{C_2(R_1+R_2)+R_1C_1(1-A_{VF})}$，当 $R_1=R_2=R$、$C_1=C_2=C$，有 $\omega_L=1/RC$、$Q_L=1/(3-A_{VF})$，其幅频特性为

$$|A(j\omega)| = \frac{A_0}{\sqrt{\left[1-\left(\frac{\omega}{\omega_L}\right)^2\right]^2+\left(\frac{\omega}{\omega_L Q_L}\right)^2}} \tag{2-5}$$

由此可得其不同 Q 值的幅频特性曲线，如图 2-1-1 所示。若 $Q_L=0.707$，则在截止频率 $\omega=\omega_L$ 处，幅频特性下降 3 dB，称$(0,\omega_L)$为通频带；当 $Q_L=0.707$ 时，通频带内的幅频特性最平坦；当 $Q_L>0.707$ 时，将出现峰值。在通频带外，幅频特性曲线是以 40 dB/dec 的斜率下降的。

按照上述公式设计电路参数，使其特征频率为 150 Hz，品质因数 0.707，通过给定输入信号的幅度，调整其频率，同步用示波器观测输入信号和输出信号，记录两者幅度和相位差，定义输出输入信号幅度比值为电路的增益，测试 1 Hz～10 kHz 范围内幅频和相频特性曲线，并记录特征频率（当增益衰减至通带增益的 0.707 倍时为特征频率，同时相位呈现约 90°）。

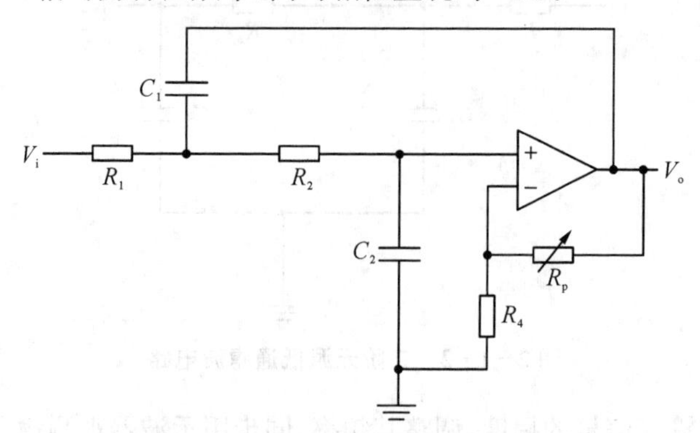

图 2-1-3　二阶有源低通滤波电路

五、思考题

1. 请思考图 2－1－2 所示无源滤波器设计时两级级联时，如果第二级电路的阻抗与第一级电路相近，会发生什么现象。

2. 请思考图 2－1－3 所示电路中品质因数的上限值，并说明原因。

3. 令传递函数的分母为 0 可以求得系统的极点，请思考图 2－1－2 和图 2－1－3 所示无源滤波和有源滤波的差异，比如极点情况、品质因数等。

实验 2.2　波形发生器设计

一、实验目的

【微信扫码】

学习基于运放的波形发生器的设计。

二、实验仪器

示波器、信号发生器、数字万用表、直流稳压电源。

三、预习内容

学习波形发生器设计知识，阅读 OP07 的“数据手册”。其中波形发生器分为三角波发生器、正弦波发生器和压控振荡器分别介绍。

1. 三角波发生器

电路如图 2-2-1 所示，由一个过零比较器和一个积分器组成。当过零比较器的正端信号大于其负端信号，过零比较器输出为 V_z，该输出通过积分器，使得积分器输出线性下降，直至使得过零比较器的正端信号小于其负端信号。当过零比较器的正端信号小于其负端信号，过零比较器输出为 $-V_z$，该输出通过积

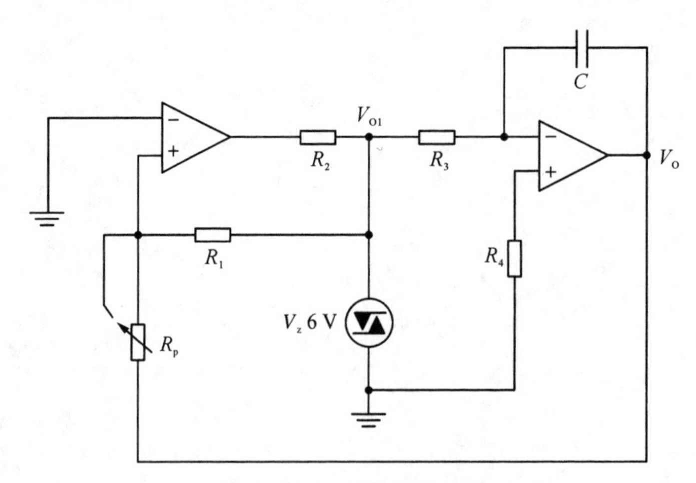

图 2-2-1　三角波发生器

分器，使得积分器输出线性上升，直至使得过零比较器的正端信号大于其负端信号。以上往复，在积分器输出端产生三角波，三角波的周期和幅度分别为

$$T=\frac{4R_3R_pC}{R_1}$$

$$V_{om}=\frac{R_p}{R_1}V_z \tag{2-6}$$

2. 正弦波发生器

电路如图 2-2-2 所示，该电路由一条正反馈支路和负反馈支路组成。

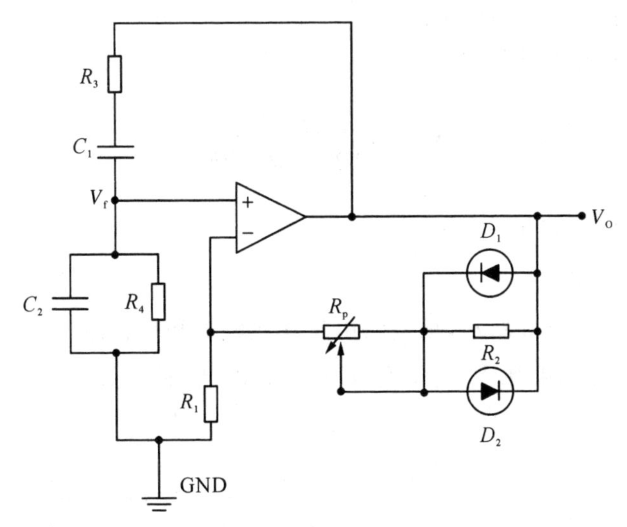

图 2-2-2 正弦波发生器

正反馈支路由 R_4、C_2、R_3 和 C_1 构成，反馈系数为

$$F=\frac{V_F}{V_O}=\frac{R_3C_1s}{R_3R_4C_1C_2s^2+(R_3C_2+R_4C_1+R_3C_1)s+1} \tag{2-7}$$

若取 $R_3=R_4=R$，$C_1=C_2=C$，则对于 $\omega_o=1/RC$，有 $F=1/3$。

负反馈支路由 D_1、D_2、R_2、R_p 和 R_1 构成，该支路与运放组成了同相输入放大器，放大倍数为

$$A_{VF}=1+\frac{R_p+R_{eq}}{R_1} \tag{2-8}$$

其中，R_{eq}为D_1、D_2、R_2的等效电阻。

振荡器起振的条件：幅值条件$|\dot{A}_{VF}\dot{F}|>1$；相位条件$\sum\varphi=2k\pi, k=0, \pm1, \pm2\cdots\cdots$ 由于$\omega=\omega_o$时正反馈支路的相移为0，所以只要$A_{VF}>3$，电路就能起振。

起振后的平衡条件：幅值条件$|\dot{A}_{VF}\dot{F}|=1$；相位条件$\sum\varphi=2k\pi, k=0, \pm1, \pm2\cdots\cdots$ 本电路通过二极管D_1、D_2导通实现电路增益自动调节，二极管导通，R_{eq}减小，最终平衡于$A_{VF}=3$，使得电路输出稳定的正弦波。由于二极管在一个周期内，在导通、截止之间不断变化，所以输出的“正弦波”的质量并不好，电路非线性造成的谐波失真较大。

该电路所得正弦波的幅值为

$$V_{om}=\frac{3R_1}{2R_1-R_p}V_{Dth} \tag{2-9}$$

其中V_{Dth}为二极管的开启电压。

3. 压控振荡器

电路如图2-2-3所示，该电路由过零比较器和积分器组成，输出V_O为基频频率随输入直流电压V_I变化而变化的锯齿波，输出V_{O1}为相同频率的矩形波。

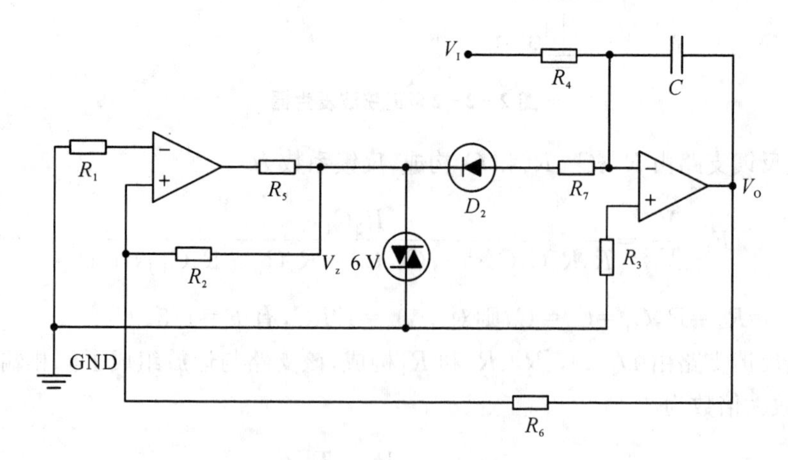

图2-2-3 压控振荡器

该电路积分器正向充电时间为

$$T_1 = \frac{2V_z}{\frac{V_z - V_{Dth}}{R_7 C} - \frac{V_I}{R_4 C}} \tag{2-10}$$

该电路积分器反向充电时间为

$$T_2 = 2R_4 C \frac{V_z}{V_I} \tag{2-11}$$

输出 V_O 的波形的基频频率为

$$f = \frac{1}{T_1 + T_2} = \frac{V_I}{2R_4 C V_z} - \frac{R_7 V_I^2}{2(V_z - V_{Dth}) V_z R_4^2 C} \tag{2-12}$$

基频频率是输入电压的二次函数，当 $0 < V_I < R_4(V_z - V_{Dth})/2R_7$ 时，基频频率随输入电压增加而单调上升，这就要求 R_7 较小。电路中 R_5 和 R_7 起到一定的限流电阻作用，建议在实验中取 1 kΩ，或取 1 kΩ 电位器，在实验中再调整。

四、实验内容

1. 请设计频率为 1 Hz 的三角波发生器，幅度大小可以自定义，注意电容取值最大 1 μF。

2. 请设计频率为 150 Hz 的正弦波发生器，幅度大小可以自定义，注意电容取值最大 1 μF。

3. 图 2-2-3 所示电路中 R_1，R_2，R_4 均取 10 kΩ，R_5 和 R_7 取 1 kΩ，C 取 0.22 μF，输入直流电压 V_I 在 0.1～1.1 V 范围内以 0.2 V 步进，测量并绘制输出波形频率-输入直流电压特性曲线，并与理论估算值相比较。

五、思考题

1. 请尝试推导正弦波发生器的周期表达式，改变 R_p 时频率是否会随之变化？

2. 请思考图 2-2-3 中电阻 R_5 和 R_7 取值对电路的影响，并说明原因。

实验 2.3　电压比较器与峰值检测电路设计

一、实验目的

【微信扫码】

学习电压比较器和峰值检测电路设计。

二、实验仪器

示波器、信号发生器、数字万用表、直流稳压电源。

三、预习内容

学习电压比较器和峰值检测电路设计知识，阅读 OP07 的“数据手册”。

1. 电压比较器设计

比较器是一个可以比较两个输入模拟信号并由此产生一个二进制输出的电路，当正负输入之差为正时，比较器输出为高电平(V_{OH})；为负时，比较器输出为低电平(V_{OL})。比较器可以采用运算放大器开环实现。

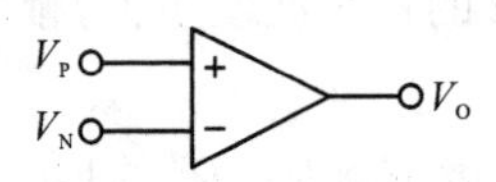

图 2-3-1　电压比较器

比较器有两个重要的参数，一个是引起输出状态变化的最小输入变化量(如图 2-3-2 所示)，其意味着比较器的最小分辨的输入信号，一个是输入激励与输出响应间的传输时延(如图 2-3-3 所示)，为上升时延 t_{pr} 和下降时延 t_{pf} 的平均值，其限制了输入信号的最大频率。

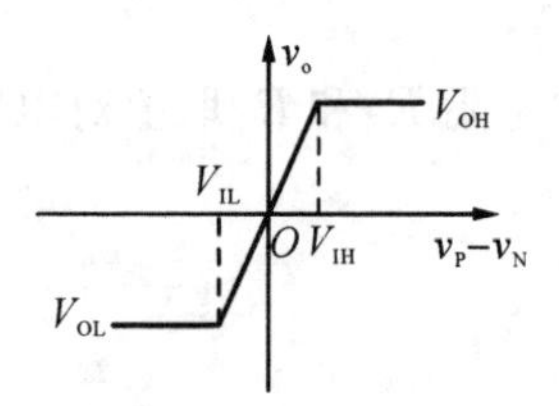

图 2-3-2　有限增益比较器的传输特性

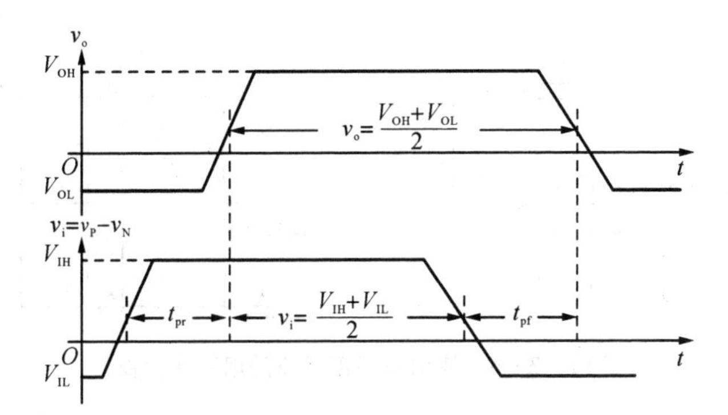

图 2-3-3　比较器的传输时延

在实际使用中,因输入信号通常存在噪声,会引起电压转移特性的过渡区,将引起比较器输出产生抖动(如图 2-3-4 所示),这可以通过两个比较阈值电压来改进,两个比较阈值电压的差值即迟滞电压必须等于或大于最大噪声幅度(如图 2-3-5 所示)。

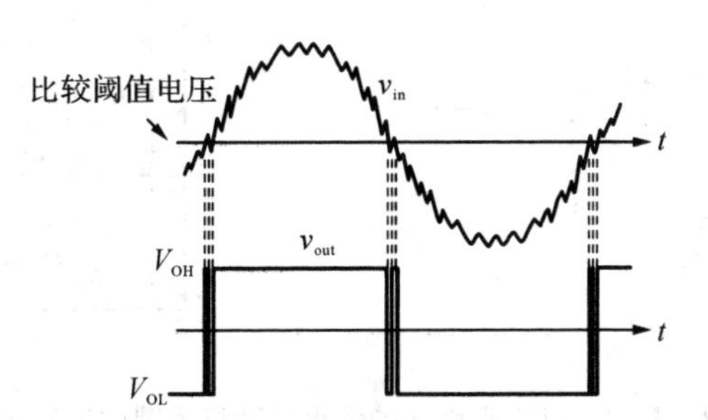

图 2-3-4　比较器对输入含有噪声的响应

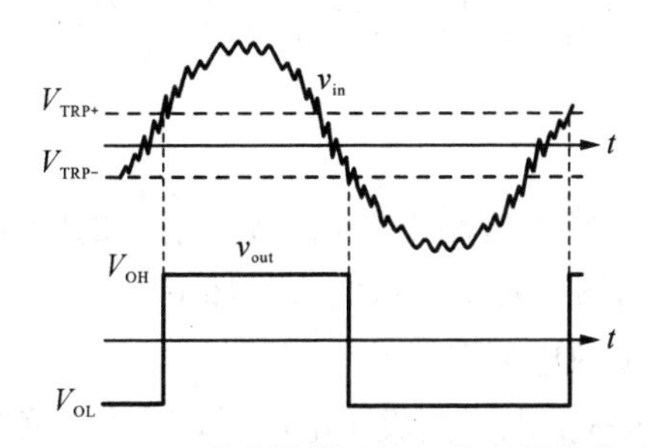

图 2-3-5　迟滞比较器对输入含有噪声的响应

迟滞比较器的一种实现电路如图 2-3-6 所示,其中

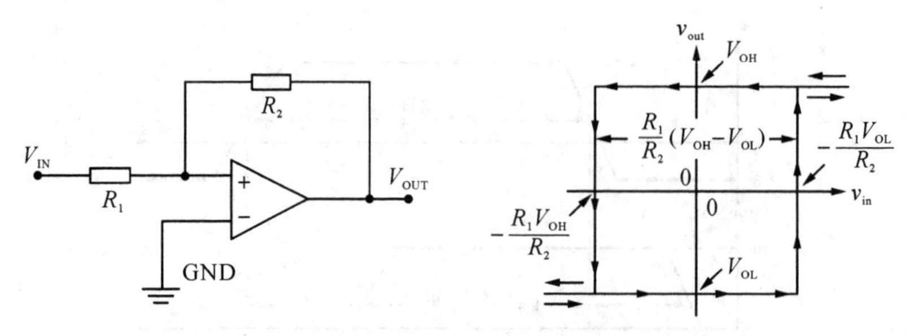

图 2-3-6　使用外部正反馈的迟滞比较器

$$V_{TRP+}=-\frac{R_1}{R_2}V_{OL},V_{TRP-}=-\frac{R_1}{R_2}V_{OH} \tag{2-13}$$

在实际应用中,通常需要水平移动比较阈值,图 2-3-7 所示是其中的一种实现电路,其中

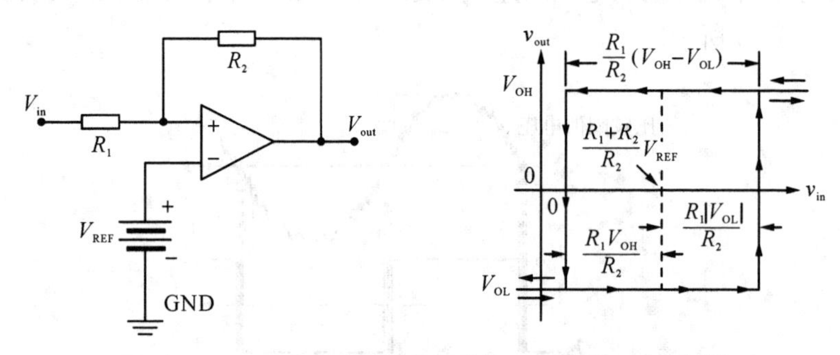

图 2-3-7　可水平移动的使用外部正反馈的迟滞比较器

$$V_{TRP+}=\frac{R_1+R_2}{R_2}V_{REF}-\frac{R_1}{R_2}V_{OL},V_{TRP-}=\frac{R_1+R_2}{R_2}V_{REF}-\frac{R_1}{R_2}V_{OH} \tag{2-14}$$

2. 峰值检测电路

图 2-3-8 所示是峰值检测电路,将输入信号的峰值提取出来,并进行保持,直到一个峰值出现,图中各个参数的含义如下。

R_1:接地电阻,构成放电回路。

D_1:防止输入电压从负电压变成正电压时,A_1 发生负饱和。

D_2:与 A_1 构成"超级二极管",实时检测峰值电压。

R_2:构成电压放电时的反馈回路。

C:用于存储峰值电压,控制峰值保持时间。

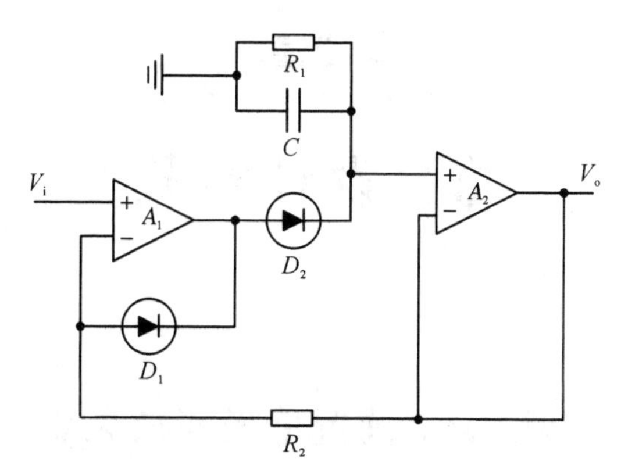

图 2－3－8　峰值检测电路

四、实验内容

1. 应用 OP07 开环实现电压比较器，请测量该比较器的最小输入电压，传输延迟时间。

2. 如果输入信号中存在 100 mV 噪声，请设计迟滞比较器，使得噪声不影响比较器的输出。

3. 如果输入信号中存在 1 V 偏置电压，且存在 100 mV 噪声，请设计迟滞比较器，使得噪声不影响比较器的输出。

4. 请设计一个可以保持峰值 1 s 的电路。

五、思考题

1. 请思考电压比较器最小输入电压受哪些因素影响。

2. 请思考图 2－3－8 所示峰值检测电路能检测的最小峰值与哪些参量有关。

第 3 章

综合设计实验

实验 3.1　前置低噪声放大器

一、实验目的

太赫兹技术在雷达成像、射电天文、医疗诊断、战场目标识别、高速无线通信等领域具有重要的应用前景。然而，由于高灵敏检测器等关键技术的瓶颈，限制了太赫兹技术的实际应用。

南京大学超导电子学研究所利用自主发展的六氮五铌薄膜材料，研制了高灵敏太赫兹检测器阵列芯片，如图 3-1-1 所示。由于检测器的噪声性能(单个像素)小于 10 $nV/Hz^{1/2}$，为使检测器阵列获得实际应用，需要开发研究为之配套的低噪声放大电路。应用系统框图如 3-1-2 所示，其中太赫兹检测器输出信号为中心频率为 4 kHz，带宽为 1 kHz，幅度 100 μV～1 mV 的小信号，输出阻抗为 kΩ 量级，后续采集电路的输入信号幅度至少需要 100 mV。

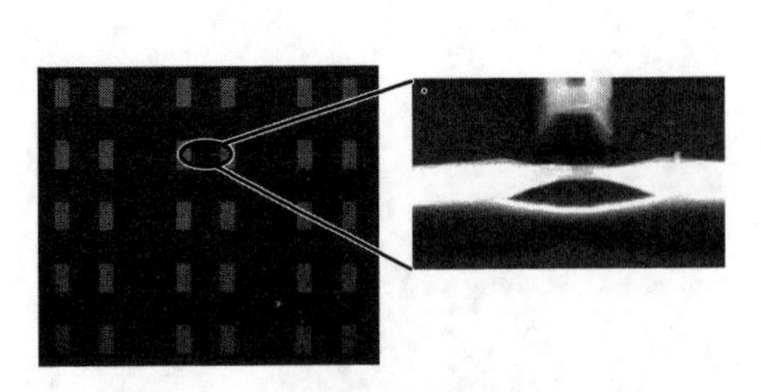

图 3-1-1　太赫兹检测器阵列芯片

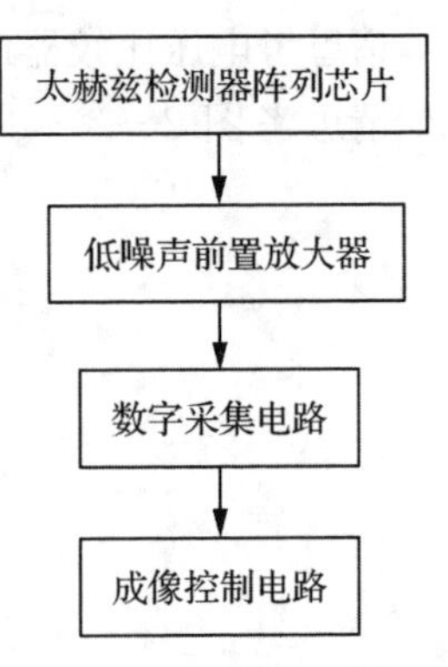

图 3-1-2　应用系统框图

二、实验内容

本实验有36名学生，共分为9组，采取每4人一小组的团队设计模式。每个小组根据项目需求，设计低噪声放大器的方案，要求完成设计方案的性能仿真、原理图、版图的绘制，电路板的焊接与调试等工作，具体按以下5个阶段进行。

1. 项目发布与设计指导(1周完成)

(1) 发布项目需求，实施方案与评价方法。

(2) 提供电路设计软件的使用指导(Altium Designer)。

(3) 讲解低噪声放大器的噪声分析。

(4) 模块电路设计方法，包括电源去耦电路、低通电路、带通电路。

(5) 典型运算放大器芯片性能介绍。

2. 方案设计与讨论(2周完成)

(1) 完成低噪声放大器的方案设计，分组汇报与讨论。

(2) 完成低噪声放大器的性能仿真，分组汇报与讨论。

3. 方案实施(3周完成)

(1) 完成低噪声放大器的原理图绘制。

(2) 完成低噪声放大器的版图绘制。

(3) 完成低噪声放大器的焊接与初步测试。

4. 优化与测试(1周完成)

完善与优化低噪声放大器性能指标。

5. 总结(1周完成)

分组总结汇报与讨论，小组成员按项目分工介绍项目的方案设计，实施与实现的性能指标，翻转课堂的收获与建议。

三、实验考核与评价

在总结汇报时，整个教学小组老师共同决议考评结果。

为进一步鼓励每个小组的工作热情与积极参与，设立一等奖1组、二等奖2组，三等奖6组，均有相应的奖品发放。获得一等奖的学生可以将作品带到老师实验室，连接太赫兹检测器芯片进行测试。

本实验成绩占总成绩的50%，其中讨论与汇报占10%，性能占40%。性能以低噪声放大器等效输入噪声指标分 4 挡进行。

A 级：放大器方案自主优化设计，功能完全实现，噪声放大器等效输入噪声指标小于 5 μV；

B 级：功能完全实现，噪声放大器等效输入噪声指标小于 20 μV；

C 级：功能完全实现，噪声放大器等效输入噪声指标小于 50 μV；

D 级：功能基本实现，如电源模块、放大器增益或频率等一个或多个功能实现。

实验 3.2 虚拟有源静区

一、实验目的

视觉和声音是人类日常生活中最基本的感受。深处嘈杂环境会影响人类语音正常交互,甚至身体健康,因低频噪声很难采用被动降噪去除,有源降噪引入的虚拟静区应运而生。最常见的有源降噪包括有源降噪汽车、有源降噪耳机等。

图 3-2-1 有源降噪实施示例——有源降噪汽车

有源噪声控制(ANC)技术基于声场相消性原理控制次级源在误差传声器处产生与初级源相抵消的声波从而达到降噪目的,该技术对低频噪声有较好的控制效果。由于ANC技术具有体积小,重量轻,低成本和好的低频降噪性能,该技术发展迅速。一个ANC系统通常包括控制器和电声器件(误差传声器,次级源等)两部分。反馈控制和前馈控制是有源噪声控制系统中广泛使用的两种控制结构。反馈控制通过对误差信号滤波产生控制信号,不需要额外的参考输入信号,若控制器采用模拟电路实现,具有实施简单的优点,因此,本综合实验采取模拟反馈控制实现有源降噪,其示意图如图 3-2-2 所示。

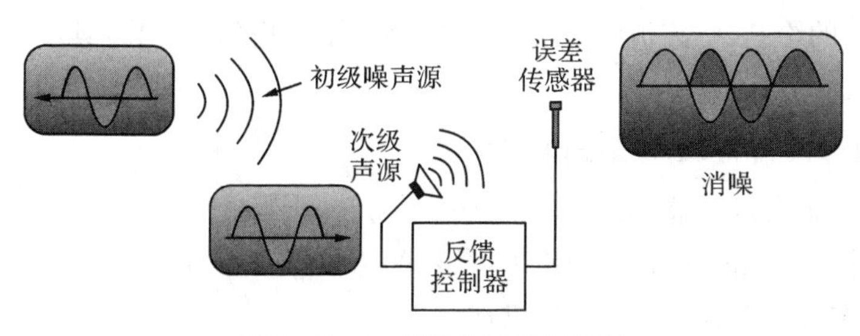

图 3-2-2 反馈有源控制框图

经过有源降噪后，将在误差传感器处实现噪声最小，进而实现以误差传感器为中心的约十分之一波长的静区。若合理布放初级噪声源、次级声源以及误差传感器的位置，将实现很好的静区效果。在初级源和次级源靠近的情况下，单通道控制可使整个空间均为静区，在初级源和次级源远离的情况下，多通道控制可实现多通道误差传感器所包围区域的局部静区，相应的静区示意图如图 3-2-3 所示。

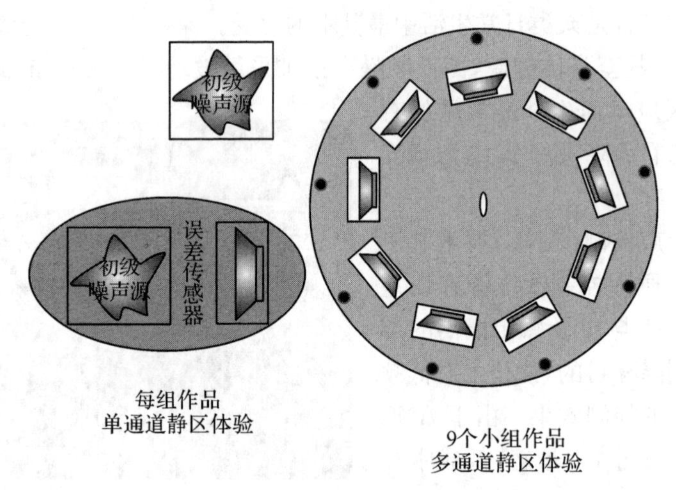

图 3-2-3　虚拟静区示意图

本次综合实验将设计和实现模拟反馈控制器，在误差传感器处实现 200 Hz 单频降噪，并完成静区演示效果。

二、实验内容

本实验有 36 名学生，共分为 9 组，采取每 4 人一小组的团队设计模式。每个小组根据项目需求，设计有源反馈控制器，要求完成设计方案的性能仿真，原理图、版图的绘制，电路板的焊接和调试，静区演示搭建等工作，具体按以下 5 个阶段进行：

1. 项目发布与设计指导(1 周完成)

(1) 发布项目需求，实施方案与评价方法。

(2) 提供电路设计软件的使用指导(Altium Designer)。

(3) 讲解反馈有源控制实现机理。

(4) 模块电路设计方法，包括电源去耦电路，带通电路和校正电路。

(5) 典型运算放大器芯片性能介绍。

2. 方案设计与讨论(2周完成)

(1) 测试次级控制源和误差传感器之间的次级路径,学习反馈控制器的方案设计,分组汇报与讨论。

(2) 完成反馈控制器的性能仿真,分组汇报与讨论。

3. 方案实施(3周完成)

(1) 完成反馈控制器的原理图绘制。

(2) 完成反馈控制器的版图绘制。

(3) 完成反馈控制器的焊接与初步测试。

4. 优化与测试(2周完成)

(1) 完善与优化反馈控制器设计。

(2) 搭建静区演示系统,体验与测试静区效果。

5. 总结(1周完成)

分组总结汇报与讨论,小组成员按项目分工介绍项目的方案设计,实施与实现的性能指标,翻转课堂的收获与建议。

三、实验考核与评价

在总结汇报时,整个教学小组老师共同决议考评结果。

为进一步鼓励每个小组的工作热情与积极参与,设立一等奖1组、二等奖2组,三等奖6组,均有相应的奖品发放。

本实验成绩占总成绩的50%,其中讨论与汇报占10%,性能占40%。性能以有源反馈实现效果分4挡进行。

A级:放大器方案自主优化设计,功能完全实现,误差传感器处最大降噪量大于20 dB,噪声放大量不超过3 dB;

B级:功能完全实现,误差传感器处最大降噪量大于15 dB,噪声放大量不超过6 dB;

C级:功能基本实现,误差传感器处最大降噪量大于10 dB,噪声放大量不超过10 dB;

D级:功能基本实现,如电源模块,反馈控制器增益等一个或多个功能实现。

实验 3.3　花式 LED

一、实验目的

基本的电子、电路系统包括输入—调控—输出。例如，电脑的键盘、鼠标为输入；控制板式处理器等实现的是信号的处理、计算；显示器、音响为信号的输出。我们学习电路的核心是将输入的信号加以算法，并用电路语言实现，最终输出我们需要的结果。

在花式 LED 设计这门综合设计实验课程中，我们的目标就是让学生们理解如何实现一套最基本的电子系统，并把所学习到的电路分析的知识，在实践中应用，感性地了解到电子电路设计的乐趣。

二、实验内容

在这门综合实验中，我们将使用温度传感器和声音传感器两种输入模块，以及一套 3 色 LED 模块用于输出。实验内容为如何将这 3 个模块(或者 1 个输入 1 个输出)进行搭配，实现一个功能。例如，温度控制报警灯用于冰箱温度的指示，声控灯将声音的节奏转化为动感的色彩，智能温度杯垫等。

为了实现功能，我们需要利用电路分析的知识，设计调控电路，可以使用电容、电阻等无源器件，OP07 运算放大器，二极管，但不可以使用单片机等数字编程器件。

本实验可分 9 次课程，具体安排如下。

L1：实验课绪论-介绍模块功能。

L2：熟悉各个模块的功能。

L3：学生的方案汇报-介绍实现什么功能，如何实现。

L4：原理图和仿真结果的汇报。

L5：PCB 版图的汇报。

L6：焊接。

L7：调试。

L8：数据的采集、功能的实现，准备 PPT。

L9：汇报结果。

分组:6 人一组(功能设计、电路设计、原理图、PCB 版图、调试、PPT 汇报)。

三、实验考核与奖励

采用老师+学生互评的方式。

功能分:60 分(系统设计是否有意义、具体功能是否实现、电路设计是否巧妙)。

汇报分:40 分(表达是否清晰,电路的原理能否讲明白,汇报是否精彩)。

奖励:一等奖 1 个,二等奖 2 个,三等奖 6 个,均有奖品发放。

实验 3.4　魔法火车小镇

一、项目简介

前面的综合设计实验课题以小组为单位，各个小组展现创新思维、独到设计，竞争取得优异成绩。在这种模式下，整个班级缺少整体性。为了增加综合实验的趣味性，同时降低同类作品竞争的压力，让各个组既能够自由地展示，同时大家的努力又可以形成一个整体，让每名学生都更有参与感，体会团队精神，我们设计了“魔法火车小镇”综合实验。

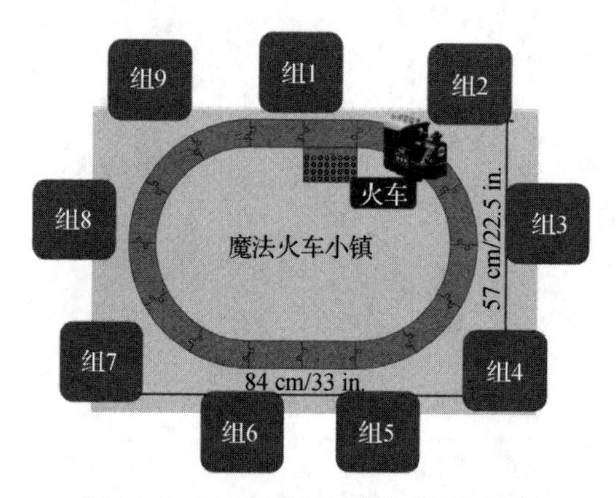

图 3-4-1　魔法火车小镇 9 组布局图

预先购买一套乐高火车模型，并有一个电动小车在轨道上循环行驶。每个小组根据轨道的位置(桥梁、岔路口等)选择位置、设置魔法场景。当火车经过某一组的位置时，触发动作，开启魔法效果。学生需要自己构思创意，制定主题，同时完成火车到达识别、魔法效果实现的硬件电路，经历一遍“构思—设计—硬件—测试”的全流程。

二、电路要求

1. 采用电路分析中的知识，不建议使用单片机等单元。
2. 可购买相关模块，但需要自己设计控制部分电路和电路板。
3. 电池供电。

4. 提供 3D 打印服务，自己设计 3D 图纸（Solidworks 等），也可购买一些布景，自己改装。

5. 整体大小不能占地太多，合理分配。

6. 每组经费 500 元，需批准后再购买，方案好还可调增。

三、评分要求

1. 布置美观，设计合理（10 分）。
2. 功能新颖，动感强烈（30 分）。
3. 电路设计专业（40 分）。
4. 展示汇报精彩（10 分）。
5. 过程评价——团队合作（10 分）。

四、课程计划

L1：绪论课 实验要求发布，电路设计软件使用指导。

L1 和 L2 之间穿插两次实用研究实验——实用研究实验二：波形发生器设计；实用研究实验三：比较器性能研究。

L2：系统方案讨论（框图＋仿真）。

L3：功能模块测试。

L4：优化设计方案（电路仿真）。

L5：原理图绘制，可实施性讨论。

L6：PCB 版图绘制。

L7：PCB 焊接与初步测试。

L8：电路调试。

L9：电路调试、优化功能。

L10：参数测试与汇报 PPT 准备。

L11：实验结果总结汇报。

第 4 章

综合实验案例与点评

案例 4.1　重返霍格沃茨

一、实验构思

门的功能区：小车接近门前，会把门前放置的光敏电阻遮住，触发电压比较器产生高电平，并打开或门，使得电机正转部分的三极管拥有集电极电源从而得以正常运转，小车会在门打

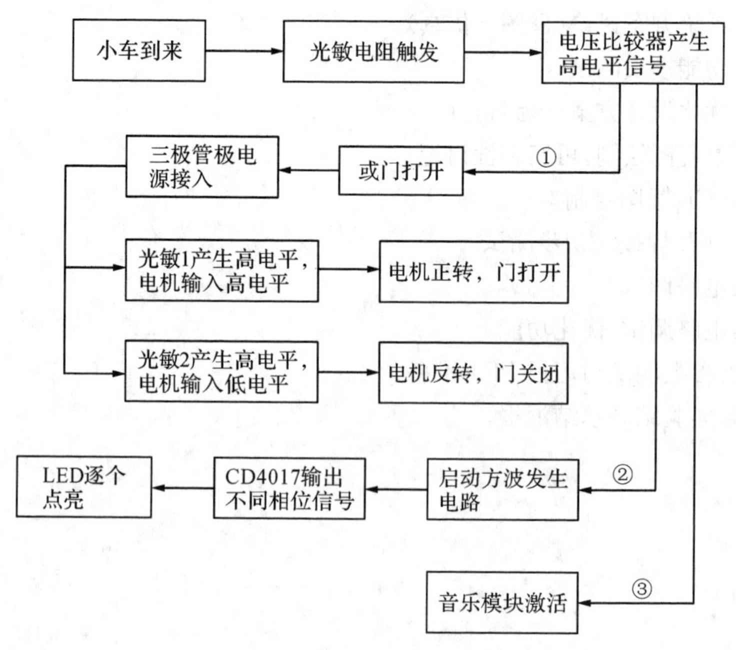

图 4－1－1　系统总框图

开后刚好进入门内，当小车准备离开门附近时，小车前端会遮盖到另一个光敏电阻，触发另一个电压比较器，启动或门，三极管同样具有集电极电源，但由于决定电机正反转处的输入电压是由第一个电压比较器的输出电平决定的，而此时小车已经离开第一个光敏处，故该电平为低电平，小车反转，等小车完全经过第二个光敏电阻时，或门关闭，电机停止转动。

发光隧道功能区：小车接近隧道时，遮住隧道前的光敏电阻，使光敏检测模块输出高电平，使方波发生器中的三极管导通，方波发生器开始输出方波，经由信号放大模块将电压放大后输入LED模块，CD4017输出不同相位的信号到各个引脚使LED逐个点亮，火车经过后全部的LED刚好亮完一遍。

音乐建筑功能区：小车接近发声建筑时，遮住建筑前的光敏电阻，使光敏检测模块输出高电平，使音乐模组电路导通，播放音乐。

二、实验内容

1. 对角巷小门的实现

(1) 由光敏电阻和分压电路形成的电压比较器。

(2) 使用LM358(使用单偏置电源)和分压电路。

(3) 通过光敏电阻的摆放位置来实现遮光时机(构想是在门前门后各放一个光敏电阻)。

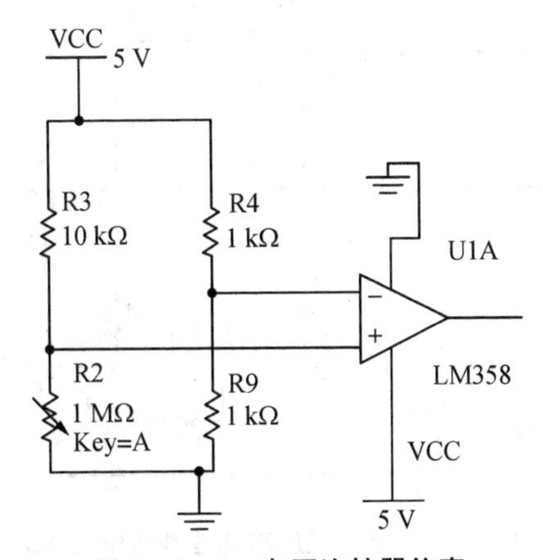

图4-1-2　电压比较器仿真

2. 在小车通过期间电机的正反转电路的实现

(1) 当左侧输入电压为高电平时，Q1导通，Q2截止，Q3、Q4导通，Q5、Q6

截止，实现电机正转。

(2) 当左侧输入电压为低电平时，Q2 导通，Q1 截止，Q5、Q6 导通，Q3、Q4 截止，从而实现电机反转(注：图中电机用 50 Ω 电阻代替，其与 3 V，50 转的电机欧姆特性相同)。

为了精简工作状态，将图 4-1-3 所示四个 VCC 中最右面的两个 VCC 替换成或门的输出，并加上电压比较器，如图 4-1-4 所示。

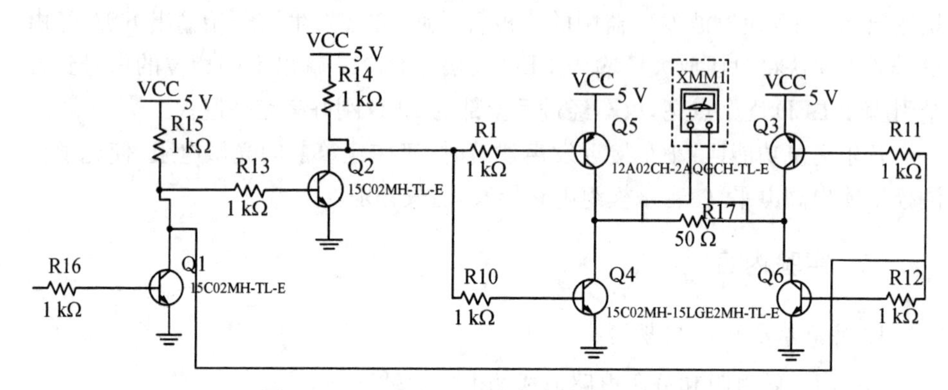

图 4-1-3　电机正反转功能基础电路仿真

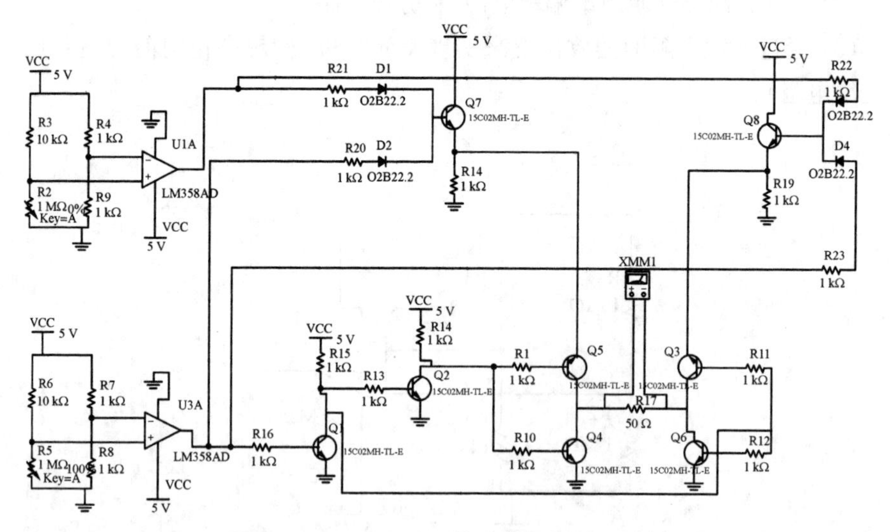

图 4-1-4　电机正反转功能整体电路仿真

利用两个光敏电阻决定的电压比较器的输出电平为或门的输入，当两者同时或仅有一者为高电平时，输出为高电平，否则为低电平。通过输出电平的高低实现控制三极管集电极电源的接入情况。

综合仿真结果如下：

(1) 当小车经过的第一个电压比较器输出高电平时，仿真数据如图 4－1－5 所示。

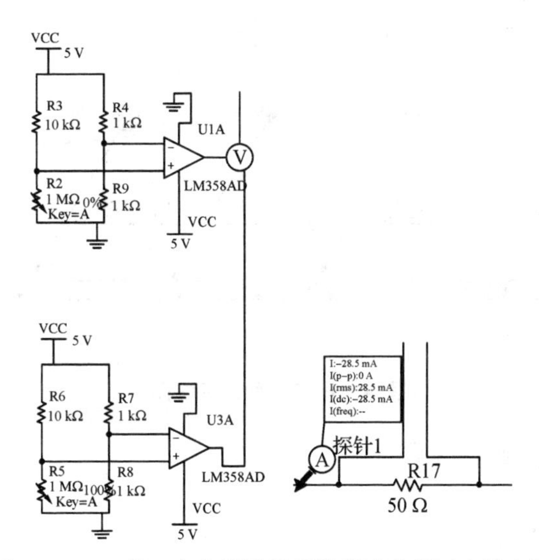

图 4－1－5　第一个电压比较器输出高电平时电机电流

(2) 当只有后一个经过的电压比较器输出高电平时，仿真数据如图 4－1－6 所示。

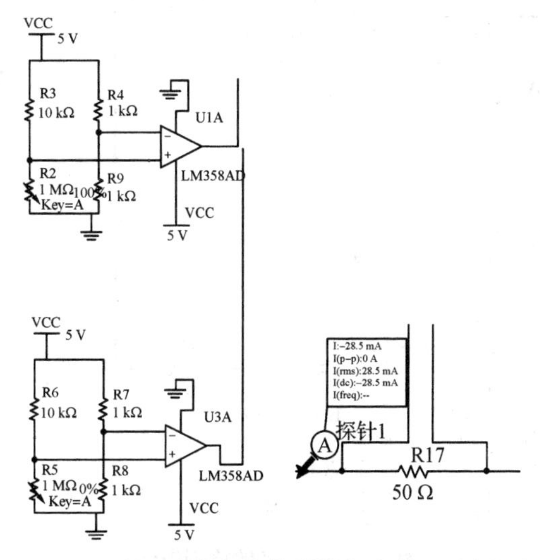

图 4－1－6　第二个电压比较器输出高电平时电机电流

由上述仿真数据可得，工作电流为 28.5 mA，可以使电机正常工作，并且在两个电压比较器分别单独输出高电平时电机电流方向相反，可以实现正反转的功能。

3. 发光隧道的实现

整体分为四个模块，如图 4－1－7 所示。

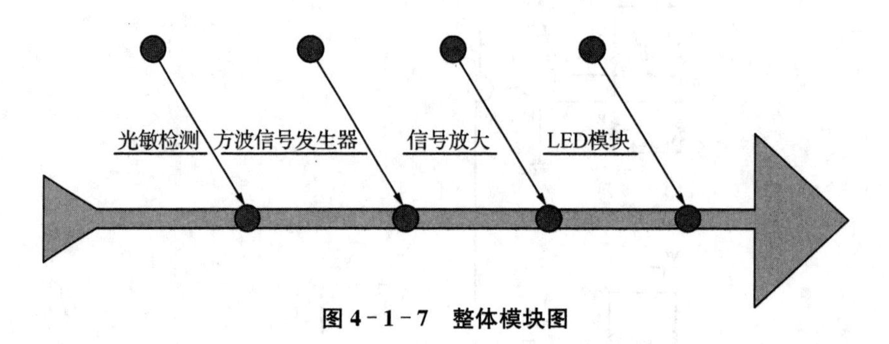

图 4－1－7　整体模块图

(1) 模块一：光敏检测模块

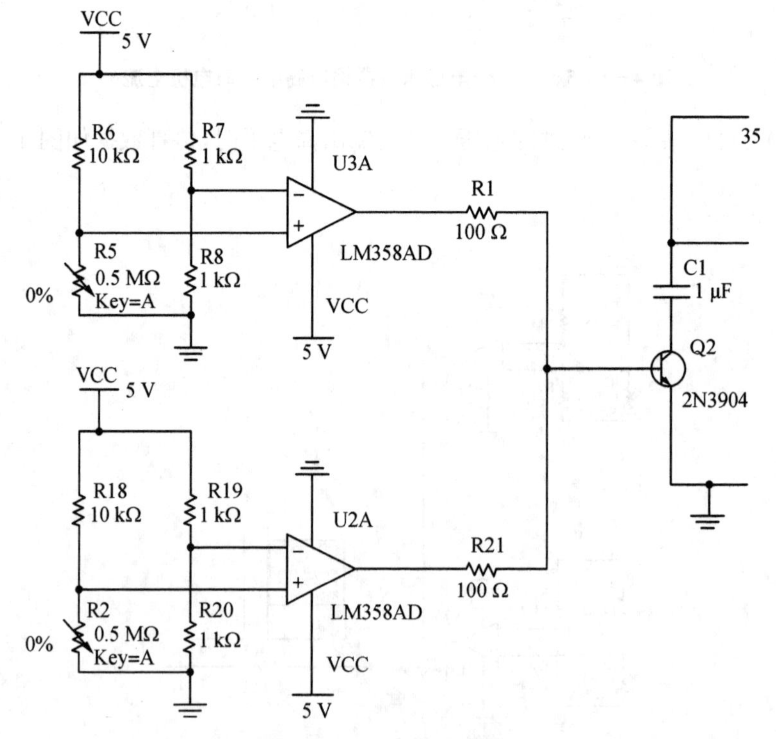

图 4－1－8　光敏检测模块

模块功能：利用电压比较器将小车行进信号转换为高低电平，以达到控制电路效果。

模块原理：使用 LM358（使用单偏置电源）和分压电路。通过光敏电阻无光时电阻阻值高，来通过电压比较器输出高低电平，达到控制三极管导通的效果。

该模块的仿真测试结果如下：

有光时，三极管处于截止状态，基极电压几乎为 0。

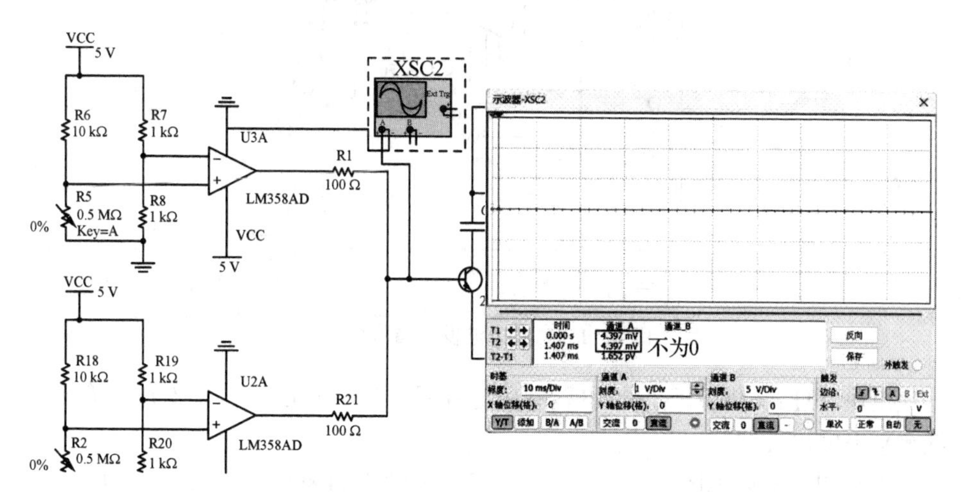

图 4-1-9　有光时的三极管基极电压

光敏电阻被遮住时，三极管基极电流为 0.9 V，大于 0.7 V，三极管导通。

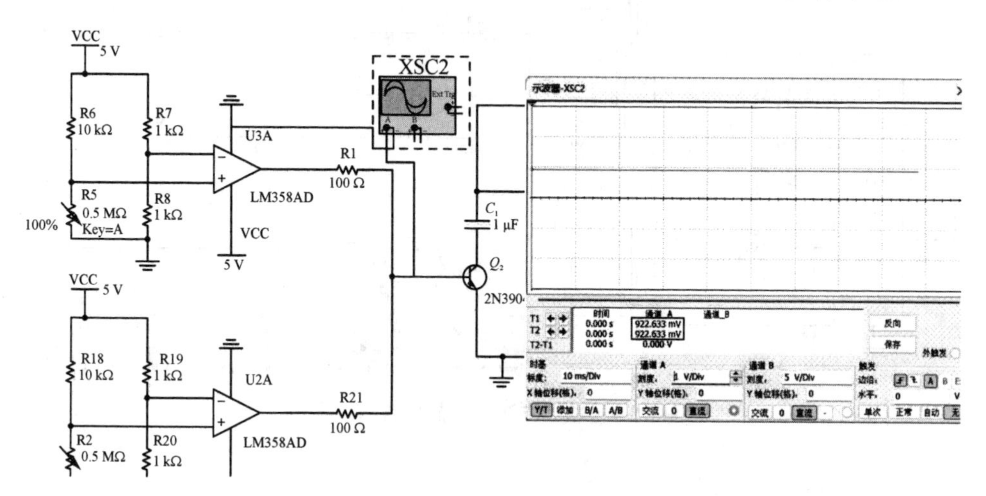

图 4-1-10　无光时的三极管基极电流

(2) 模块二:方波发生器

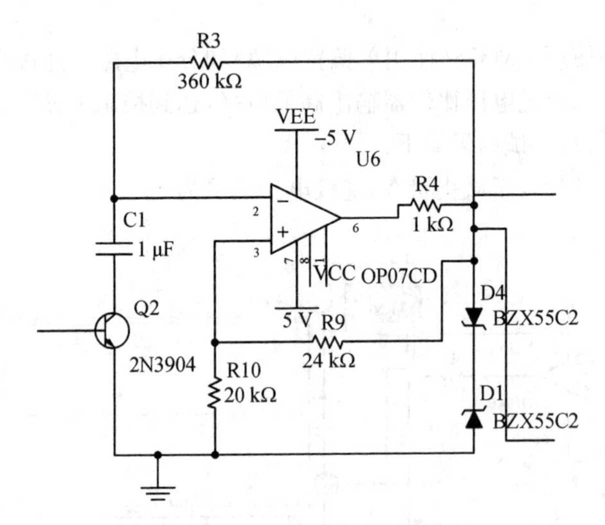

图 4-1-11　方波发生器仿真图

模块原理:三极管 Q2 导通后,利用电容 C1 的不断充放电,使 OP07 输出高低电平来输出方波。

仿真测试结果如图 4-1-12 所示,可见方波周期为 0.347×2=0.694 s。

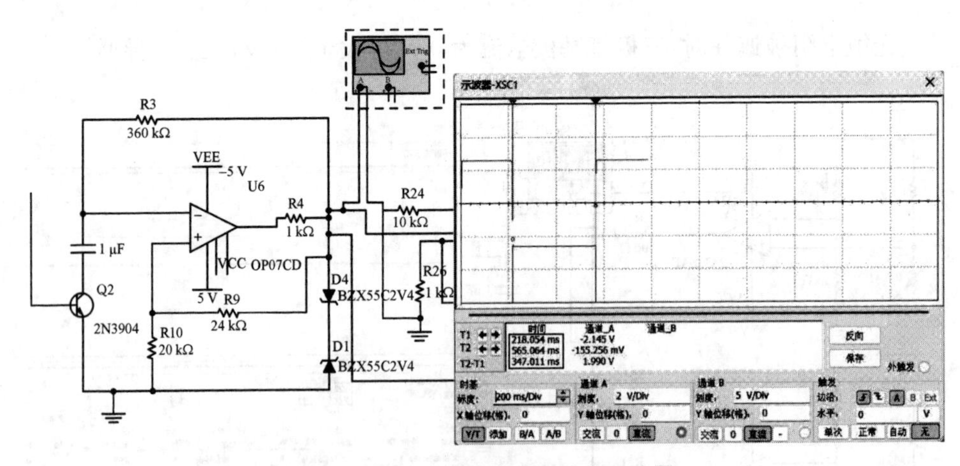

图 4-1-12　方波发生器仿真示波器

(3) 模块三:信号放大模块

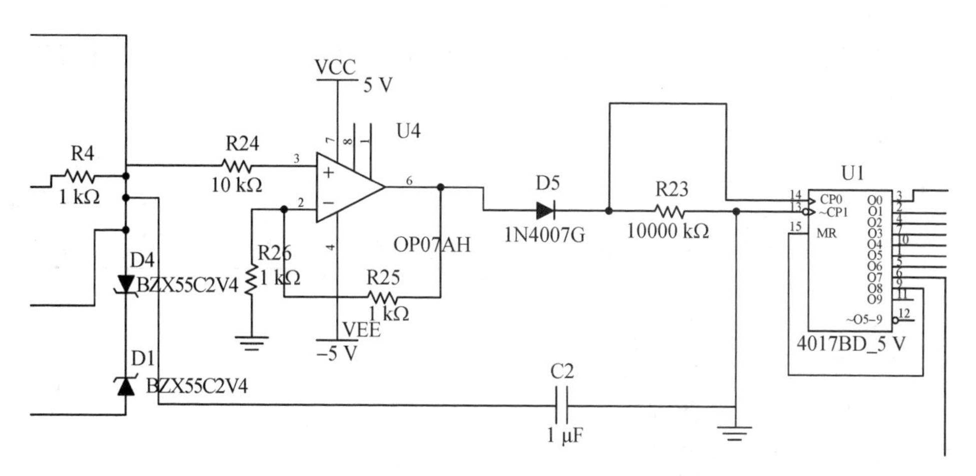

图 4-1-13　信号放大器仿真图

模块功能:由于输出的方波信号较小无法到达 4017 芯片开启电压,故需要对方波发生器输出的信号进行放大。D5 为整流二极管,将方波信号进行半波整流以满足 4017 芯片时钟输入端的输入要求。

(4) 模块四:LED 模块

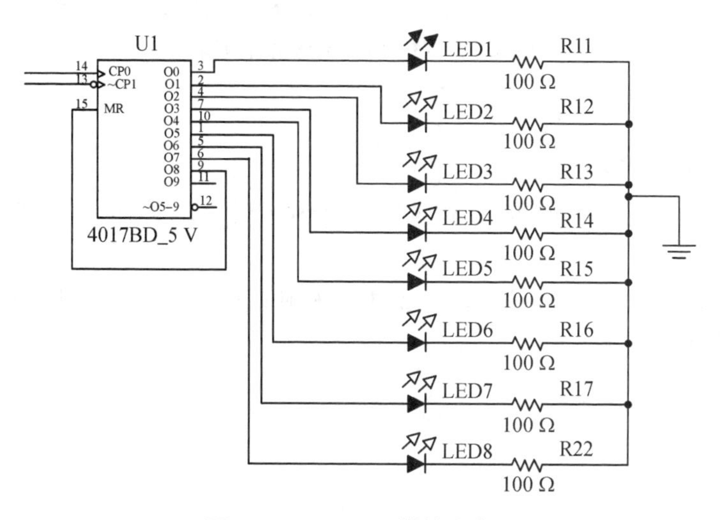

图 4-1-14　LED 模块仿真图

模块原理:利用 4017 芯片不同引脚的时序性来实现灯的依次亮灭。第八个灯灭后信号接到复位端,第一个灯重新亮起。

仿真测试结果如图,可以看到每个 LED 亮起的时间为 0.56 s,与小车的前进速度匹配。

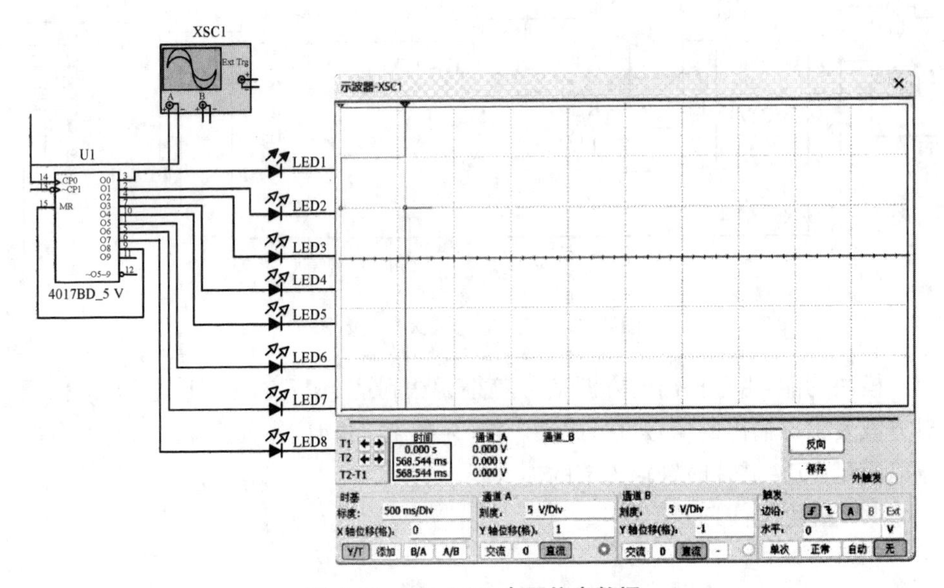

图 4 - 1 - 15　LED 电压仿真数据

4. 发声建筑的实现

模块功能:列车经过的时候建筑播放《哈利·波特》主题曲,两次经过的时候播放不同的曲目。

模块原理:建立在发光隧道的光敏检测模块基础上,三极管导通相当于按下按键,开始播放音乐。

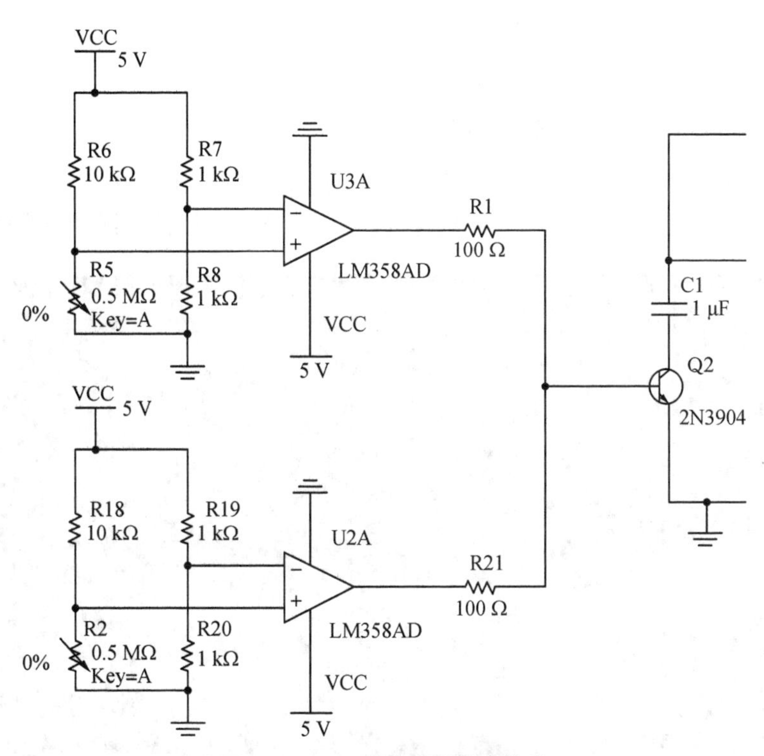

图 4－1－16　发声建筑电路仿真

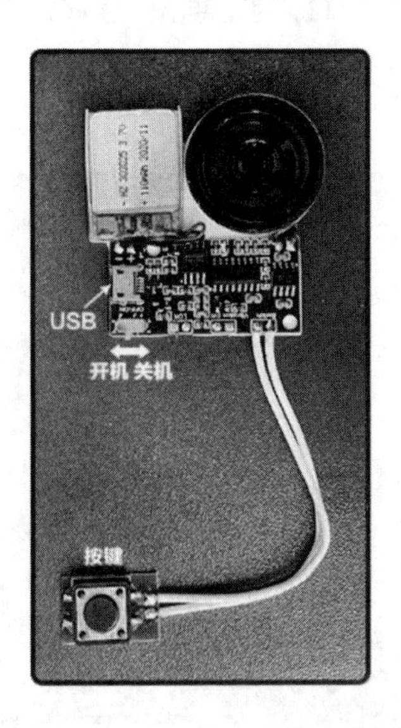

图 4－1－17　发声元件实物图

三、PCB 的设计

1. 对角巷小门部分的 PCB 板

各个模块做成一块 PCB 板，电源接口、电动机接口、光敏电阻和芯片分列四边，中间电阻、三极管和二极管一次排开，方便实物导线连接并提升美观程度。

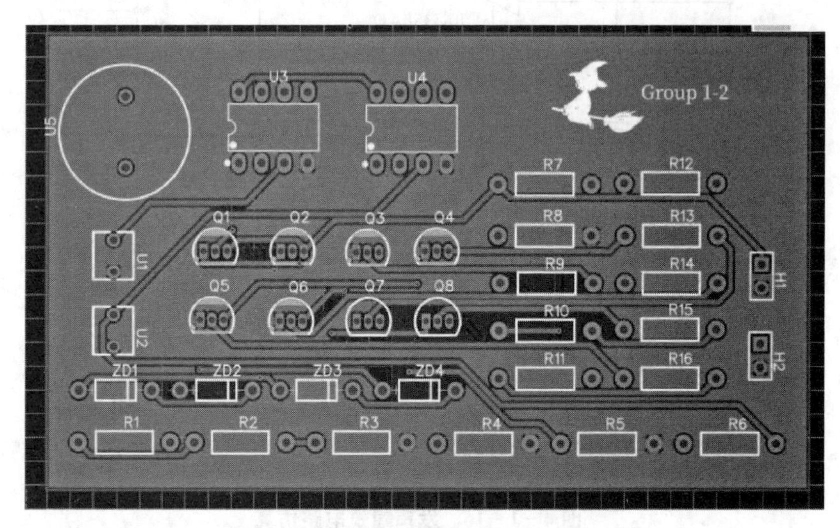

图 4-1-18　对角巷小门的 PCB 原理图

2. 发光隧道(发声建筑与之共用)部分的 PCB 板

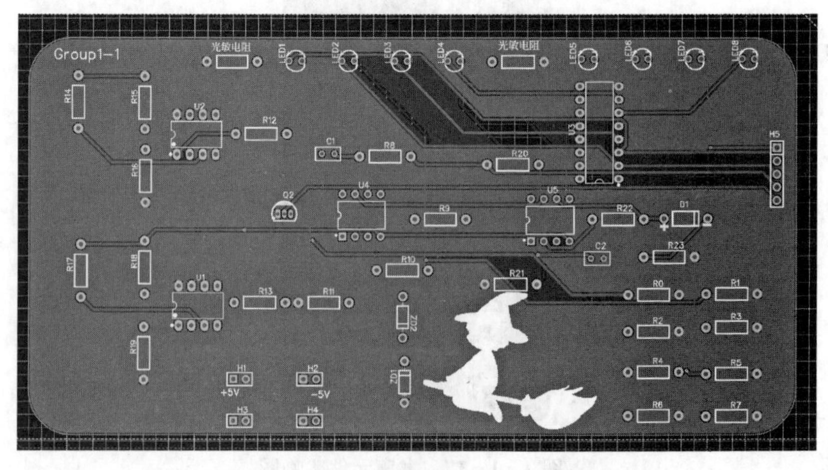

图 4-1-19　发光隧道的 PCB 原理图

各个模块做成一块 PCB 板，减少外部导线的使用，保证功能实现的稳定性。分模块摆放，同时每个模块的信号输出点均设有测试点，以便后续的测试。LED 与光敏电阻放在 PCB 板的上端，方便实物导线的连接。

四、实验测试与结果

1. 对角巷小门的测试

(1) 光敏检测模块的测试

用手模拟火车的经过进行测试，测试无光的时候输出信号为低电平，测试有光的时候输出信号为高电平。测试结果与仿真结果一致，无光的时候输出信号为低电平，有光的时候输出信号为高电平。

(2) 三极管与二极管在不同光敏电阻的遮盖条件下的导通测试

遮住光敏 1，左侧输入电压为高电平时，Q1 导通，Q2 截止，Q3、Q4 导通，Q5、Q6 截止，与仿真相符。

遮住光敏 2，左侧输入电压为低电平时，Q2 导通，Q1 截止，Q5、Q6 导通，Q3、Q4 截止，与仿真相符。

(3) 电机在不同光敏电阻的遮盖条件下的正反转测试

遮住光敏 1 电机正转，遮住光敏 2 电机反转，与预期结果相符。

(4) 在不同光敏电阻的遮盖条件下的电机电流与电压测试

电机(测试过程中以 5 Ω 电阻代替)电流与电压与仿真接近，在电机正常工作电压范围之内。

(5) 光敏电阻埋放位置测试

开始实物测试时光敏电阻埋放位置不对，导致门开合的时机不正确，从而使小车卡住。经测试将光敏电阻置于门前 7 cm 处，门后 7 cm 处，可以使得小车顺利通过。

2. 发光隧道的测试

(1) 光敏检测模块的测试

用手模拟火车的经过进行测试，测试无光的时候输出信号为低电平，测试有光的时候输出信号为高电平。测试结果与仿真结果一致，无光的时候输出信号为低电平，有光的时候输出信号为高电平。

(2) 方波信号发生器模块的测试

测试三极管 Q2 是否处于导通状态，方波发生器是否能输出稳定且频率合适的方波。测试结果与仿真接近，三极管 Q2 正常导通，方波发生器输出的方波波形较稳定且频率与仿真值相差无几。

(3) 信号放大模块的测试

测试经过半波整流的方波信号，是否只有正向信号且保证电压值大于 CD4017 时钟输入端的开启电压测试结果符合仿真，输入 CD4017 的方波只有正向信号且电压值足够，CD4017 能正常输出。

(4) LED 模块的测试

芯片供电是否正常，测试 CD4017 各个引脚能否正常输出不同相位的信号，确保 LED 灯带能正常点亮且频率与理论值相符。CD4017 芯片正常工作，8 个 LED 灯带均能正常点亮且亮起时间与理论值相近，与火车行进速度匹配。

3. 发声建筑的测试

(1) 光敏检测模块的测试

用手模拟火车的经过进行测试，测试无光的时候输出信号为低电平，测试有光的时候输出信号为高电平。测试结果与仿真结果一致，无光的时候输出信号为低电平，有光的时候输出信号为高电平。

(2) 声音元件的测试

测试间隔 6.3 s 的触碰能否使声音元件放出不同音乐，音乐是否正常播放等。测试结果正常。

五、实验总结与经验分享

1. 技术知识层面

(1) 对角巷的小门

一开始的初步设计是通过三极管的导通截止的组合来实现电机正反转，但后来发现由于先前设计三极管的集电极电源始终存在，导致电机时刻处于转动状态，后来改进措施是通过设计一个或门来达到精简电路的工作状态(使其在小车经过期间电机才转动)。

后来又发现一个问题，就是或门的二极管并没有设置限流电阻串联，导致二极管刚开始因三极管的基极电流小，当一个二极管导通时，与之并联的二极管因反向电流过大，使其因过流而击穿并短路，进而影响整体工作效果，从而设置 2 kΩ 的限流电阻。这个问题在仿真的时候未被发现，因为仿真结果一切正常，在连续焊了两块 PCB 并发现都不能实现功能后，我们测试了各个二极管的导通情况，这才发现了问题。

(2) 发光隧道

设计时遇到的主要问题是参数上的不断调整，要使火车的前进速度与灯的亮灭速度匹配，同时还要使方波发生器发生振荡。

实物安装完成后发现设计上可以改进，CD4017 的输出引脚可以增加一个，空出 1 脚，使火车在未到达时 CD4017 输出信号一直停在一脚，发光隧道整体都不发光，达到更好的实物展示效果。

PCB 设计中，未注意 Multisim 仿真与嘉立创 EDA 两款软件中芯片供电引脚不同导致芯片正负电源接反。

2. 综合素养层面

(1) 结合实际，化繁为简

火车经过时间有限：

- 挑选效果明显的功能进行实现。
- 减少功能数量，提高功能质量；结合实际情况进行设计。
- 确定功能顺序，明确功能之间的逻辑关系以及与主题的联系性。

(2) 信息搜集，自学能力

一窍不通怎么办？那还不学：

- 对 CD4017 性能的逐步了解(有接受电压大小限制，并且只接受正电压)。
- 如何实现电源的间歇性供电？或门是电路设计的关键。
- LED 灯带的选择、锂电池的使用、电机的挑选。

(3) 理论与实践存在巨大鸿沟

夸夸其谈，做出来不容易：

- 用光敏电阻做传感器，却忽视了隧道本身正常情况是黑暗环境。
- 仿真能正常进行，实物电路二极管被击穿。
- 电机与门的固定是大问题，冒险采用 502 胶进行粘连，损失了三个电机。

(4) 从容不迫，灵活应变

无论何时，都要有推倒重来的勇气：

- 焊接的过程切勿心急，焊好每一个点，剥好每一根线。
- PCB 板坏掉了就换一块从头焊，没有什么好怕的。
- PCB 板设计失误了，采用飞线、跳线处理。
- 电动机损坏，没有备用的，那就等快递。电路没问题就不慌。

(5) 拆解任务,明确分工

提前说好谁干什么,每个人都有自己的任务和责任,高效解决战斗。

(6) 勇于担当,团结互助

信任队友,他们是你坚实的后盾:

- 相信队友的个人能力,相信他们可以完成自己的任务。
- 出现问题第一时间不可以埋怨队友,先从自己身上找问题。
- 出现问题要立刻冷静下来,要有解决问题的勇气和信念(尤其是组长)。
- 团队协作,组员是你的兄弟姐妹,有福同享,有难同当。

最后,我们想感谢电路分析 SPOC 课程,给了我们一个将理论与实践相结合的机会。这样生动而灵活的教学方式会使我们受益终身。

实验点评

该组同学的方案创意很好,内容设计上也涉及多个方面,包括门的驱动,发光隧道以及音乐设计,不仅仅包括电路的设计,还包括门开关的机械结构设计和隧道灯的艺术布局,这对大一的学生是非常不容易的,需要投入很大的热情和努力才能完成。

该组学生将所学的电压比较器、二极管、三极管、或门灵活应用,提出了自己的驱动电机正反转电路,是非常难能可贵的,不仅电路设计能力得到提高,解决问题的能力也得到提高,喜欢该组学生的感想:"无论何时,都要有推倒重来的勇气!"

案例 4.2　魔法魁地奇

【微信扫码】

一、实验构思

本组实验名为“魔法魁地奇”，意在贴合 SPOC 班“魔法小镇”主题的同时，使实验富有动感与乐趣。整个实验装置分为三个部分：投球部分、灯效部分与回收装置，能够自动完成整个小球抛出到回收，重新装填，再次抛出的过程。

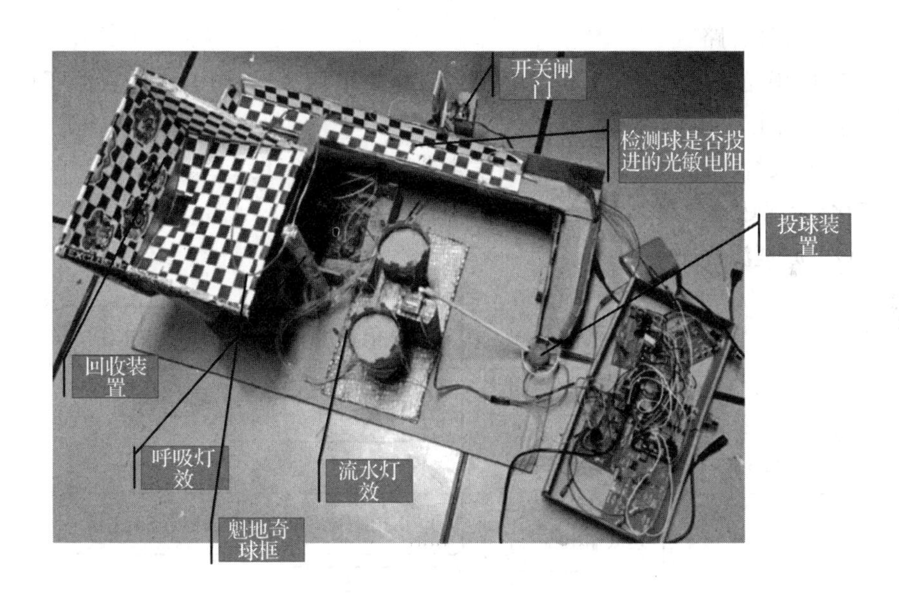

图 4-2-1　项目实物概览

在接通电源后，呼吸灯亮起。在检测到火车经过，即红外传感器被遮挡时，舵机将小球抛出。小球进入收集装置，一路滚到关闭的开关闸门处。此时，开关闸门处的光敏电阻被遮挡，流水灯亮起，呼吸灯熄灭，开关闸门打开，舵机复位，小球一路滚至抛球处，重新装填，等待下一次火车经过。

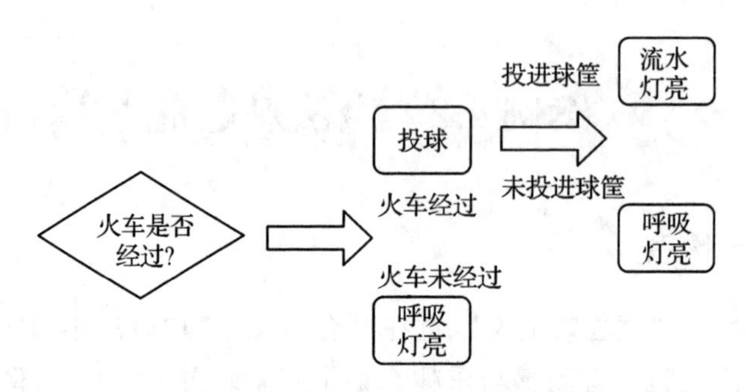

图 4-2-2　项目运行基本逻辑流程图

1. 呼吸灯部分实验构思

(1) 设计思路

① 使用光敏电阻将“球”的遮挡情况转换为电信号,利用电压比较器实现两种状态的输出。

② 呼吸灯电路部分使用矩形波发生器和积分器实现 LED 驱动电压的周期性变化,实现呼吸效果。

(2) 原理流程图

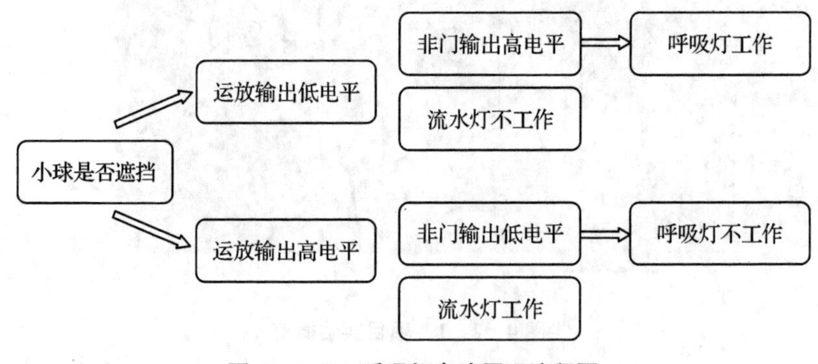

图 4-2-3　呼吸灯电路原理流程图

2. 流水灯部分实验构思

小球经过时会传递高电平给流水灯模块,使 NE555 和 CD4017 组成的系统开始工作,从而开始实现流水灯的功能。小球不经过时接收到的是低电平,电路不导通。

3. 投球部分实验构思

0.5 ms 信号输出时(即火车经过),舵机复位,接收小球,2 ms 信号输出时(即火车离开),舵机转动,抛出小球。

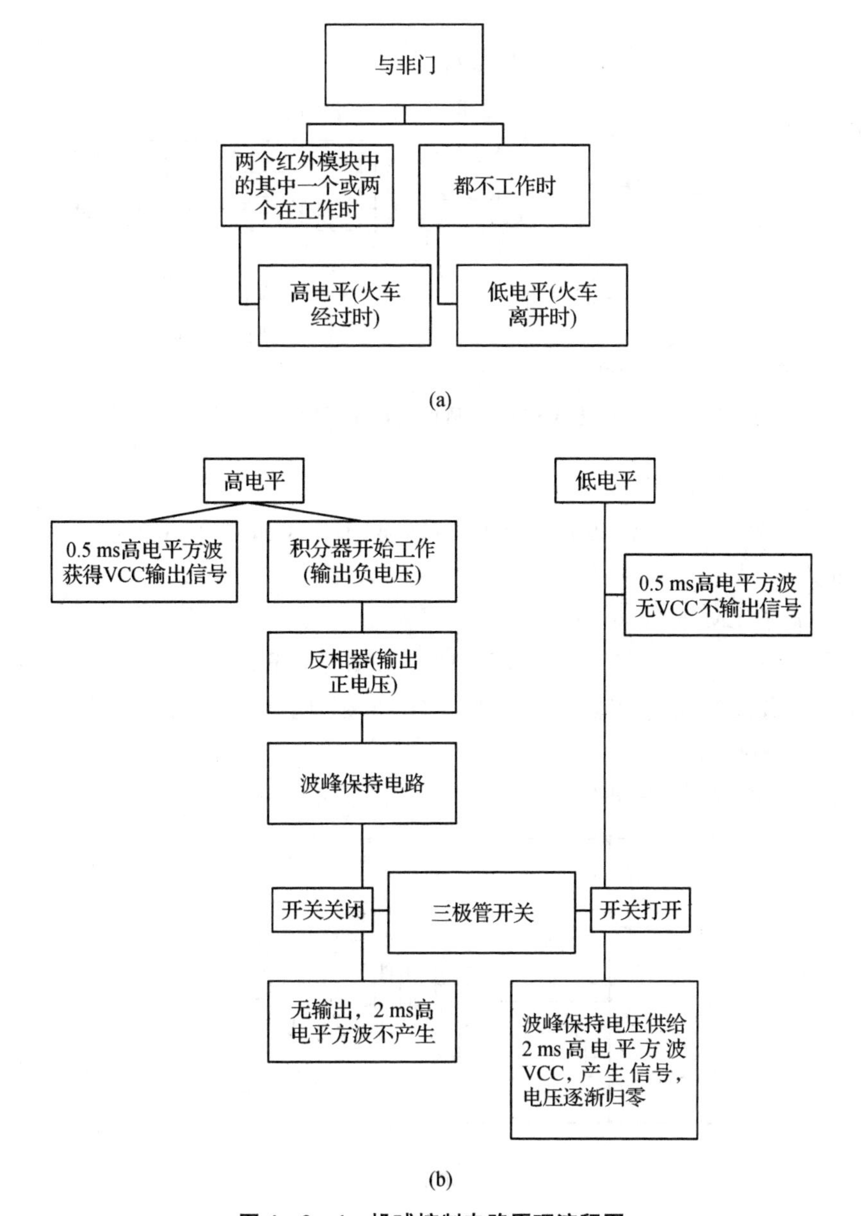

图 4-2-4　投球控制电路原理流程图

二、实验内容

1. 呼吸灯实验内容

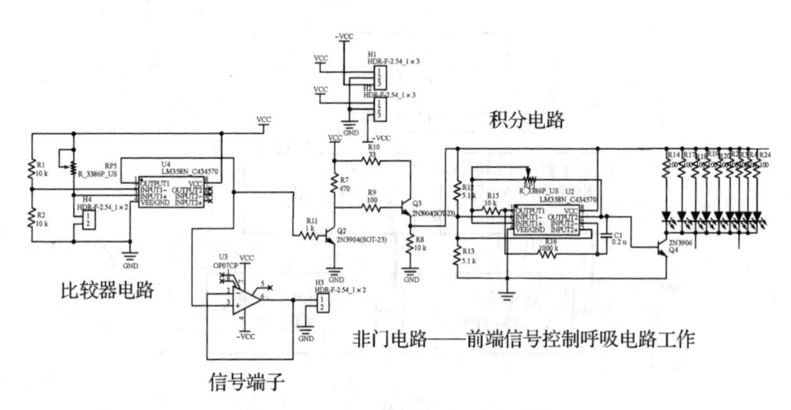

图 4-2-5 呼吸灯电路原理图

1）主要元器件选择

① 2N3906 PNP 型 BJT/2N3904 NPN 型 BJT Collector Continuous Current 200 mA

② 运放 LM358 & OP07

③ LAMP 333-2SURD/S530-A3 Continuous Forward Current 25mA

④ 光敏电阻实测参数:亮电阻 1.5 kΩ～3 kΩ/暗电阻 10 kΩ～90 kΩ

2）分部原理讲解

（1）前端遮挡信号处理

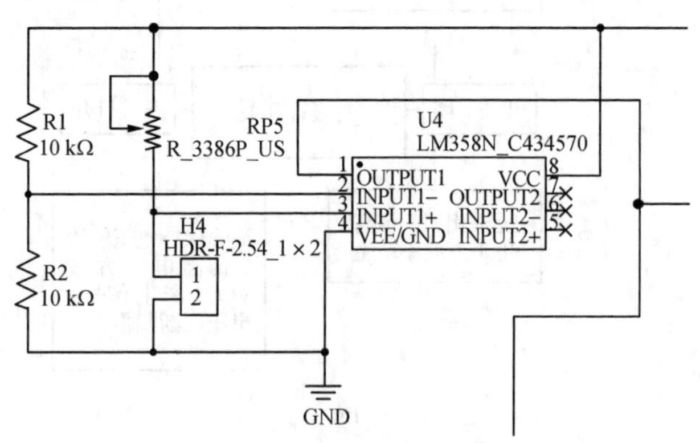

图 4-2-6 遮挡信号处理电路原理图

VCC 电压通过 R1 与 R2 的分压，输出 $\frac{1}{2}V_{CC}$ 到 LM358 的反向输入端，滑动变阻器 RP5 和光敏电阻构成另外一个分压支路，输入到同相输入端。调节 RP5 到大约 3 kΩ，实际需要根据场景的变化、环境的光线强度对该变阻器进行微调，以期达到最好的反应效果。该运放使用单电源供电，不具备轨到轨的输出特性，但作为比较器输出高低电平可以满足要求。运行的机制如下：

① 当小球遮挡光敏电阻→光敏电阻阻值升高，大约为 23.6 kΩ→与 RP5 分压值大于 $\frac{1}{2}V_{CC}$，即同相输入端电位高于反向输入端，此时比较器输出高电平

② 当小球遮挡光敏电阻→光敏电阻阻值升高，大约为 1.5 kΩ～2 kΩ→与 RP5 分压值小于 $\frac{1}{2}V_{CC}$，即同相输入端电位高于反向输入端，此时比较器输出低电平通过上述的设计可以得到响应小球位置的比较电路。

（2）非门电路

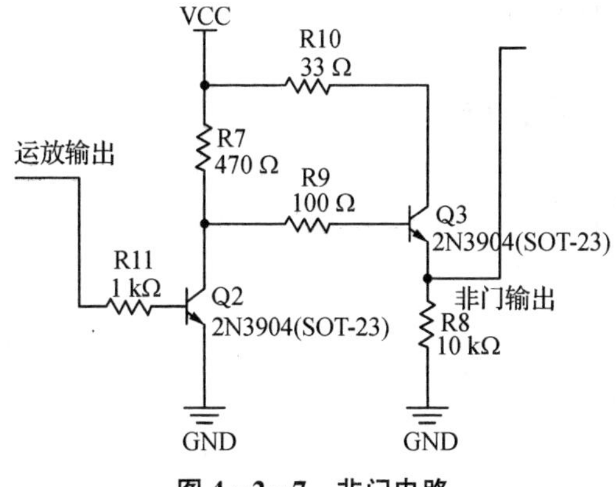

图 4-2-7　非门电路

非门电路主要由三极管 Q2 构成，Q3 管主要作用是放大工作电流，满足后端呼吸灯电路的电流要求。工作过程如下：

① 前端运放输出高电平→Q2 导通→R9 左端电位约为 0→Q3 截止→输出低电平。

② 前端运放输出低电平→Q2 截止→R9 左端电位约为 V_{CC}→Q3 导通→输出高电平。

该部分电路兼顾实现非门逻辑电路和电流放大功能。

(3) 呼吸灯电路

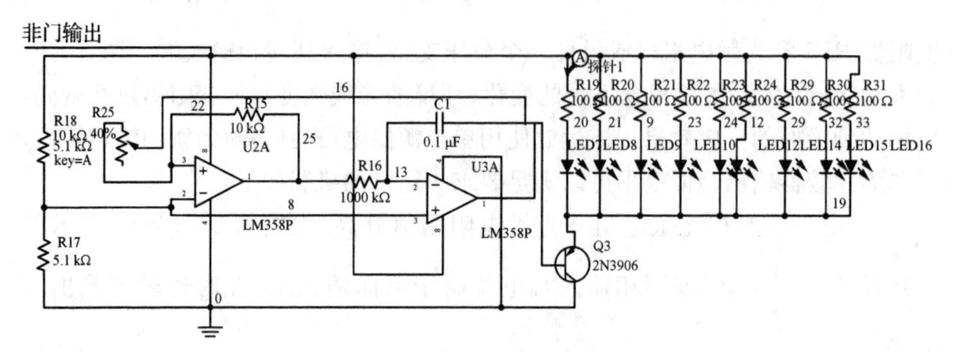

图 4-2-8 呼吸灯电路

该部分电路由两个 LM358 运放构成,前端运放构成一个方波发生器,后端运放构成一个积分器。后端输出引到前端运放的同相输出端构成负反馈稳定输出波形。时间常数 $R_{16}C_1$ 构成积分器的时间常数,决定呼吸灯三角波信号波形的上升和下降的速度。滑动变阻器 R25 可以调节输出波形的偏置。Q3 构成电流放大电路,驱动 LED 工作。

3) 仿真结果

(1) LED 灯电流瞬态分析

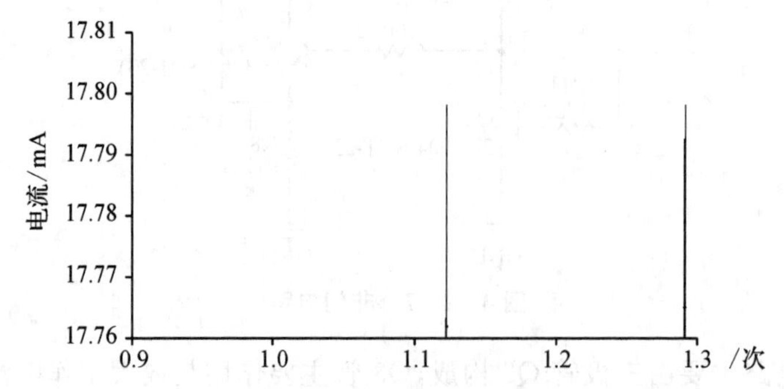

图 4-2-9 流经 LED 的峰值电流为 17.80 mA,LED 安全工作

(2) 前端遮挡信号处理电路

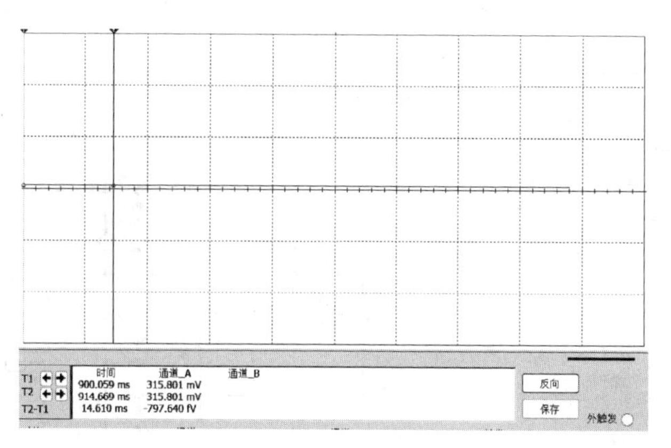

图 4-2-10　模拟光敏电阻未被遮挡,输出 318.8 mV,为低电平

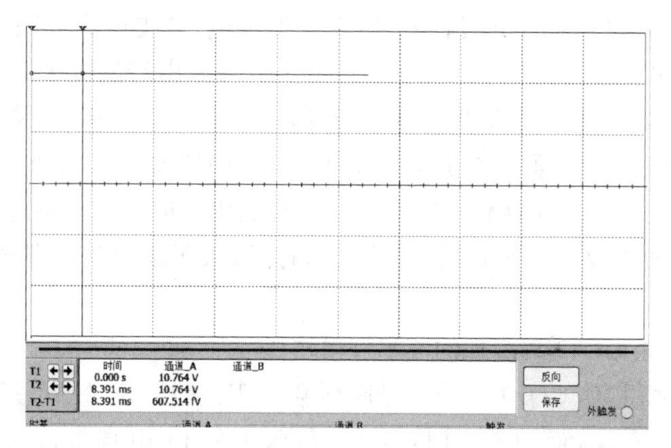

图 4-2-11　模拟光敏电阻已被遮挡,输出 10.764 V,为高电平

(3) 呼吸灯电路

2. 流水灯实验内容

(1) 左侧 NE555 形成的电路产生方波

NE555 正常工作时,7 引脚发电端与地处于断开状态的,电容 C1 里面是没有电荷的,4 引脚通过电阻 R1,电位器 RP1,电流流向电容 C1,供给电容 C1 充电,当电容 C1 两端的电压小于 $2/3V_{CC}$电压时,3 引脚输出端为高电平。在电容 C1 的持续充电,两端的电压将越来越大,当大于 $2/3V_{CC}$电压时,NE555 的 3 引脚输出端将翻转电平,由刚才的高电平变为低电平,从而 7 引脚由对地断开变为

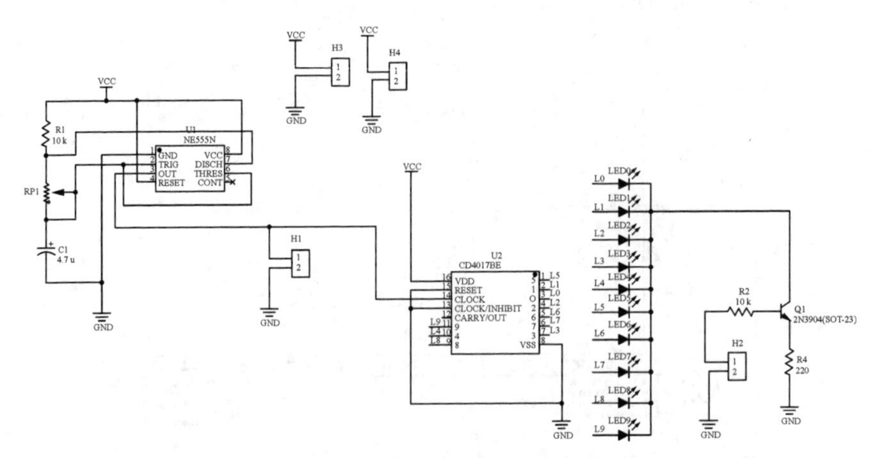

图 4-2-12 流水灯整体电路

对地导通,电容 C1 经过 RP1 流经 7 引脚对地发电,使得电容 C1 的电压渐渐减小。电容 C1 的电压当小于 $1/3V_{CC}$电压时,3 引脚输出端的电平又会翻转,由低电平变为高电平,7 引脚与地也就变成断开,接者电容就重新开始被充电……这样进行着对电容 C1 的重复充放电,NE555 的 3 引脚也就交替重复地改变高低电平状态,从而就形成了所谓的时钟脉冲信号输出(即方波)。通过改变 RP1 电位器的阻值,便可改变电容 C1 被充放电的时间,从而改变 3 引脚输出端的时钟脉冲频率。

(2) 右侧由 CD4017 实现的流水灯模块

当开机时,芯片 CD4017 的 3 号脚便会处于高电平状态,而其他输出端则都为低电平状态,从而只有 LED 灯 L0 点亮。在 14 引脚每输入一个上升沿时,CD4017 的输出端输出的高电平就会向下移动,由 3 引脚移动到 2 引脚,则 LED 灯 L1 点亮,其余的灯都熄灭,在 14 引脚反复的输入时钟脉冲后,L0 到 L9 这 10 个 LED 灯依次单个点亮,从而形成流水的效果,由于 CD4017 的 15 引脚接地,实现自动复位清零的功能,L0 到 L9 这十个 LED 灯将反复形成流水的效果。

小球不在光敏电阻上方时 H2 接收低电平,三极管截止,所有 LED 均不导通。小球在光敏电阻上方时 H2 接收高电平,三极管导通,LED 产生流水灯效果。

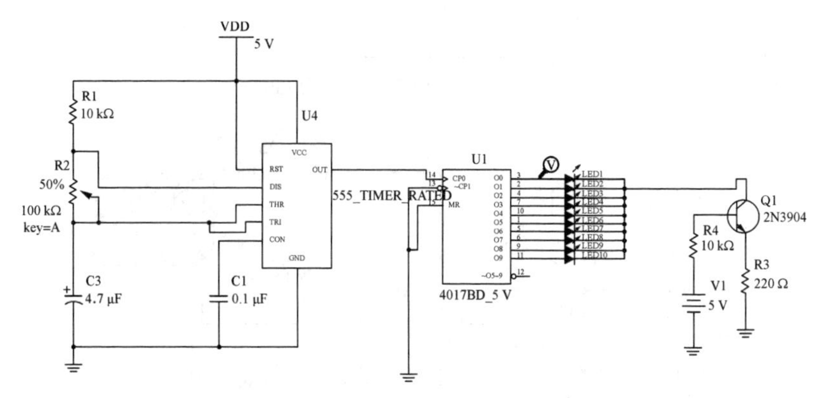

图 4 - 2 - 13　流水灯仿真电路图

LED1 正极电压瞬态分析：

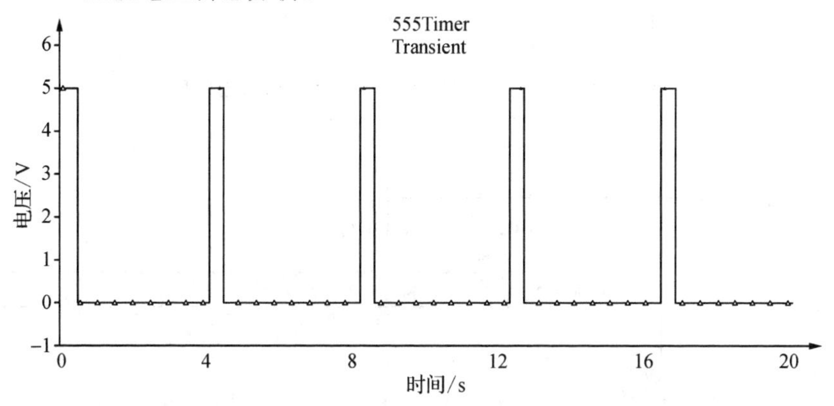

图 4 - 2 - 14　LED1 正极电压瞬态分析

LED 灯的高电平按 1,2,3……的顺序如图依次出现,实现流水灯效果。

3. 投球部分实验内容

(1) 火车检测电路的实现

采用两个红外模块进行火车的检测。当火车经过时,模块被遮挡,光敏二极管接收到红外二极管发出的红外线,由高电平转为低电平。采用两个模块并排摆放保证信号的稳定输出,不会因为某个模块的灵敏度问题或火车接缝导致装置提前启动。当两个模块至少一个工作时,与非门电路输出高电平,反之输出低电平。

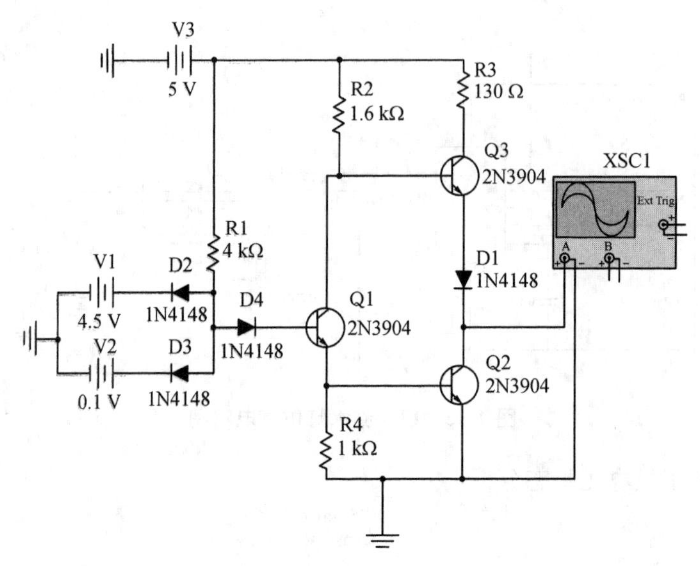

图 4-2-15　V1 和 V2 为两个红外模块输出电压

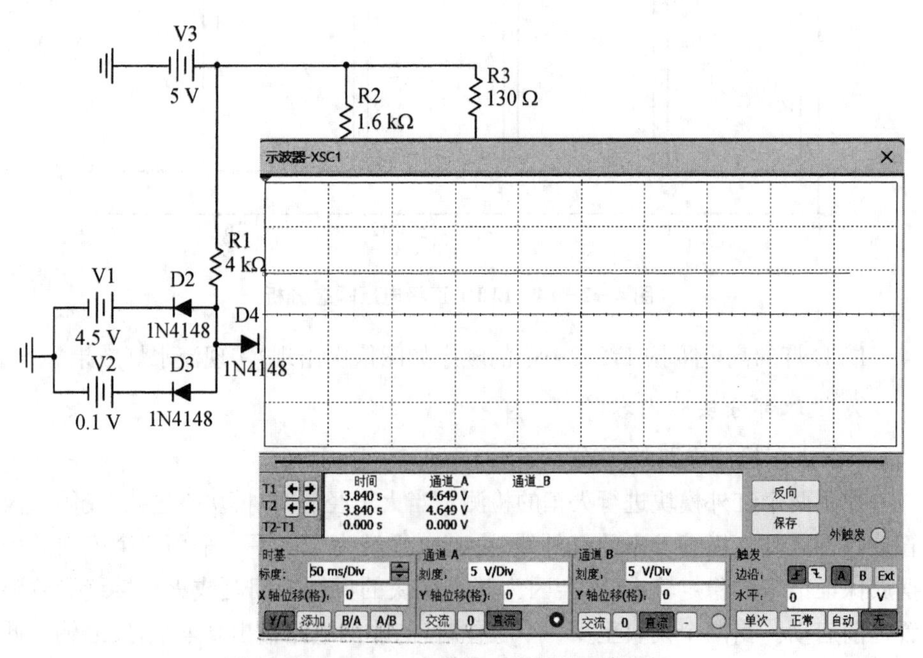

图 4-2-16　有一个模块工作时输出高电平

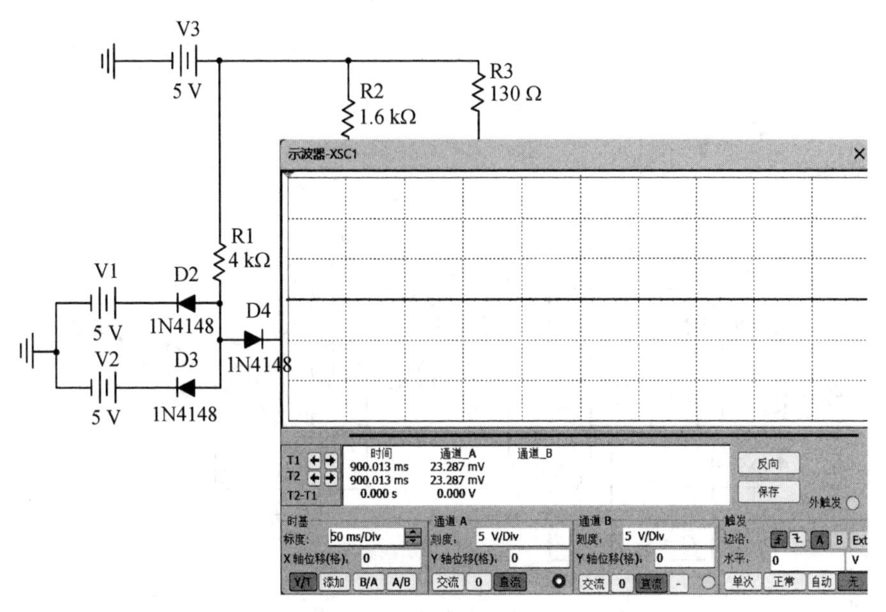

图 4－2－17　模块都不工作时输出低电平

（2）方波电路的实现

控制舵机需要两种方波信号：周期均为 20 ms，占空比分别为 2.5%和 10%，使舵机转动到 0°和 135°。

采用 NE555 的单稳态电路生成方波，通过电阻电容网络来控制输出脉冲的持续时间和周期。

当输入触发信号低于控制电压（通常为 2/3 V_{CC}）时，输出被触发并在一定时间内处于低电平。此时电容器 C 开始充电，当电压高于控制电压时（通常为 1/3 V_{CC}），输出引脚跳变为高电平，并保持一段时间，电容器 C 继续放电，直到电压降至控制电压以下，输出引脚才恢复为低电平。

此电路只能输出 50%占空比以上的电路，因此使用反相器将 NE555 输出的占空比分别为 90%和 97.5%信号与 NE555 电源电压进行差分，从而得到所需占空比的电压。如图 4－2－18 所示右侧为 OP07 构成的基本差分电路。

探针 1（图 4－2－18）探针 2（图 4－2－19）所在位置为信号输出位置。因为两方波电路输出相连，交错供给舵机信号，为了防止相连带来的信号干扰，在信号输出端接入 1N4148 二极管，将两电路隔离。

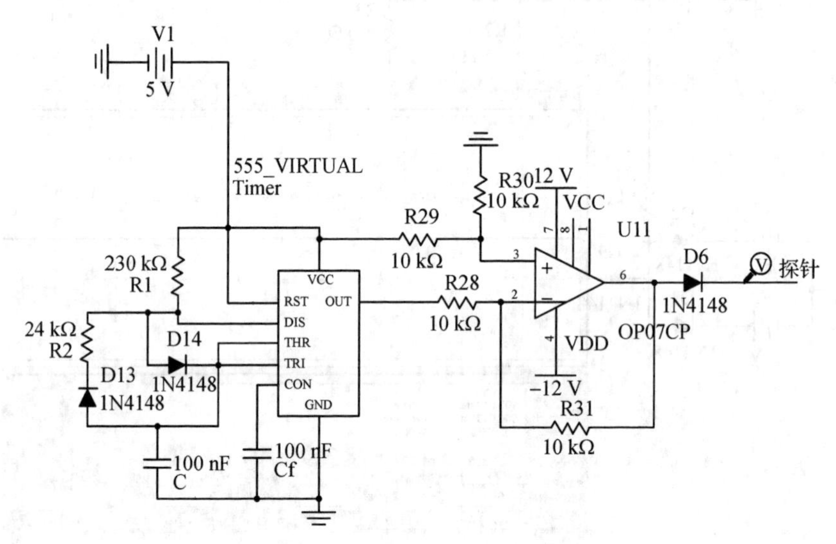

图 4－2－18　占空比 10%方波电路

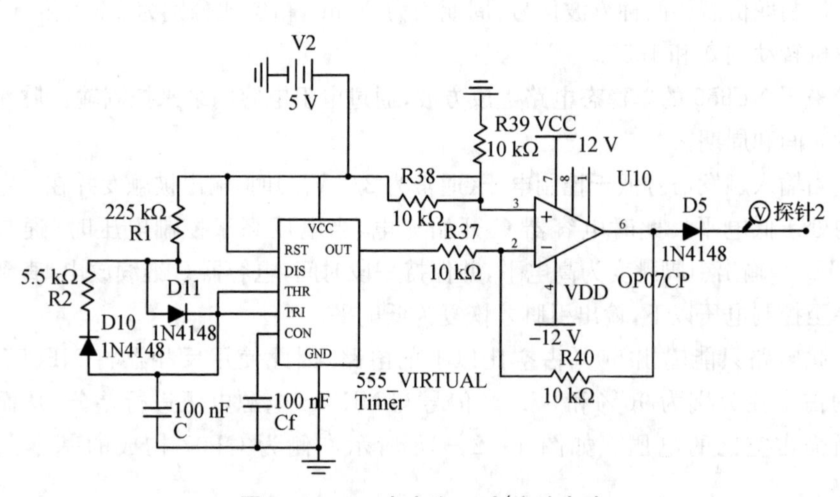

图 4－2－19　占空比 2.5%方波电路

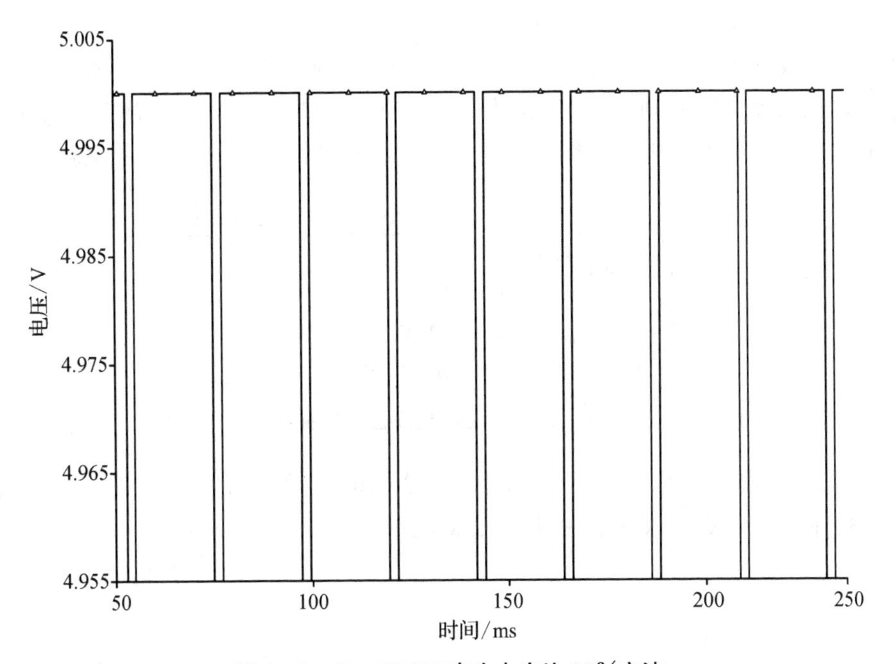

图 4－2－20　NE555 产生占空比 90%方波

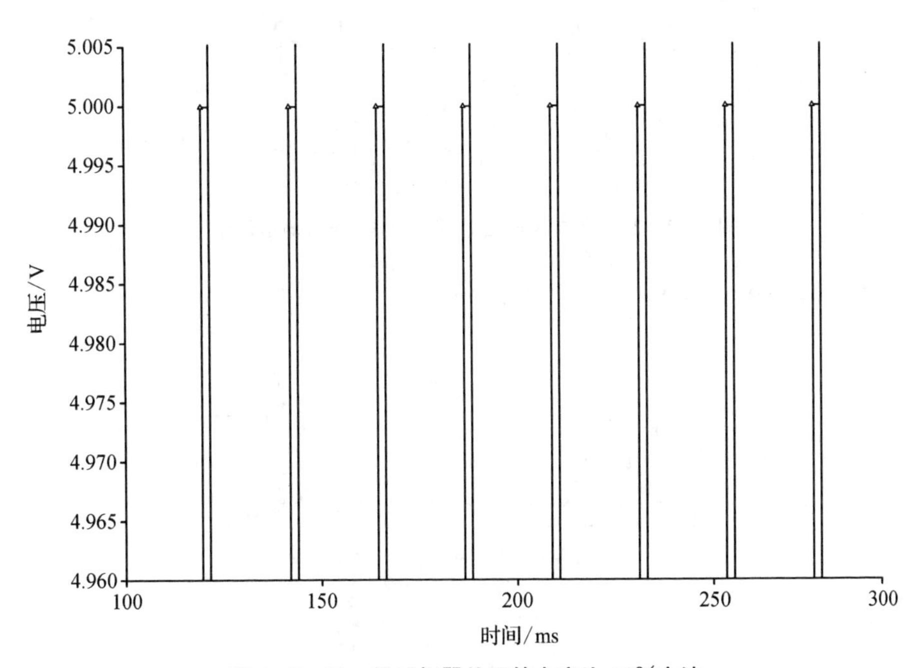

图 4－2－21　经反相器处理的占空比 10%方波

(3) 两方波输出的区分

因为要在不同时间向舵机输入不同方波信号，而控制电压只有一种，因此考虑使用三极管电压控制开关实现电压反向，控制一路方波，而另一路方波直接用与非门信号作为电源电压。图 4-2-22 所示为三极管电压控制开关电路。

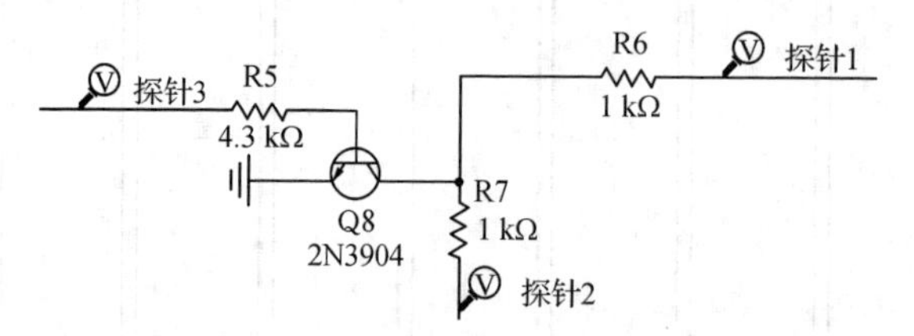

图 4-2-22　三极管电压控制开关

探针 1 位置为 5 V 电压 VCC，探针 2 位置为输出电压，探针 3 位置为控制电压。控制电压位置接入高电平时，输出低电平(图 4-2-23)。

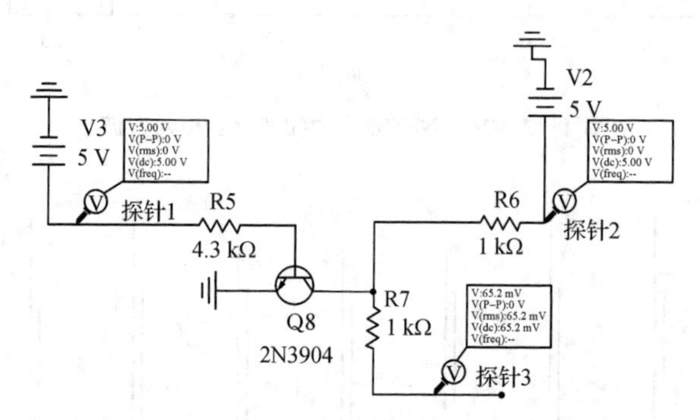

图 4-2-23　控制电压位置接入高电平时，输出低电平

控制电压位置接入低电平时，输出高电平(图 4-2-24)。

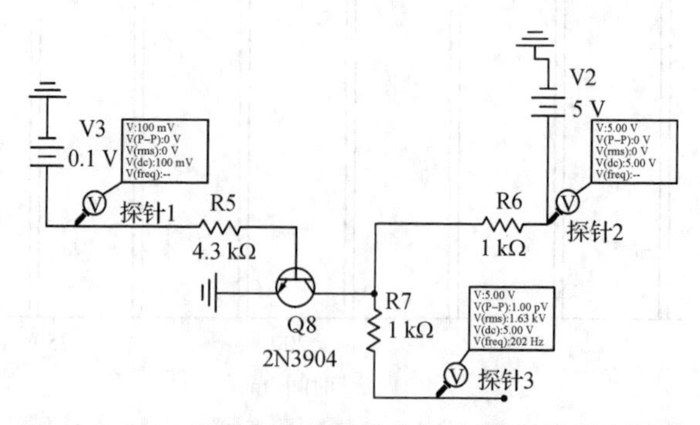

图 4-2-24　控制电压位置接入低电平时，输出高电平

(4) 延迟输出的实现

在实际测量时,发现因为与非门电路灵敏度很高,10%占空比方波可能误触发,导致信号紊乱,舵机损坏,因此加入延迟输出电路,确保输出稳定。

当左侧接入信号时,积分器开始工作,从左 1 运放输出近似直线负电压,约 3 V/s(图 4－2－26),加入 R3 电阻,在维持前 3 秒每秒电压增幅基本不变的前提下使电容电压不超过 10 V,防止电容损坏。

经过基本反相器,转化为正向电压(图 4－2－27)。

随后使用波峰保持电路输出稳定信号作为三极管电压控制开关的 VCC,接入 10%占空比方波。输出电压如图 4－2－28 所示。

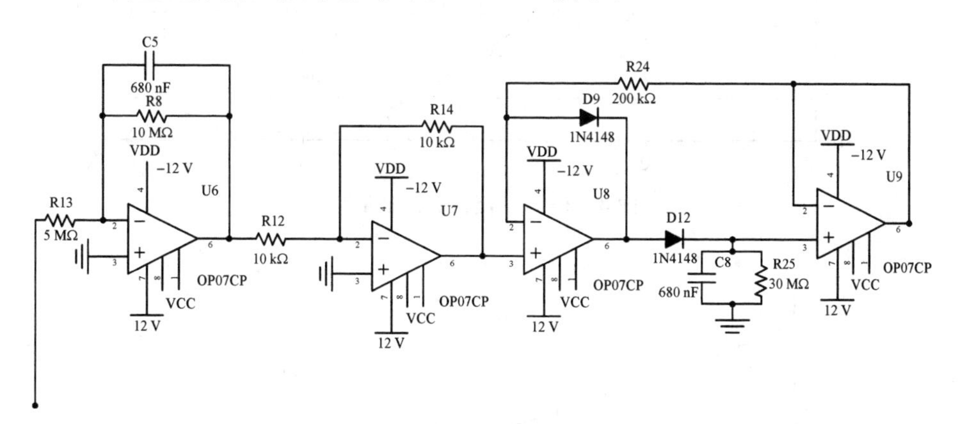

图 4－2－25　延迟输出电路

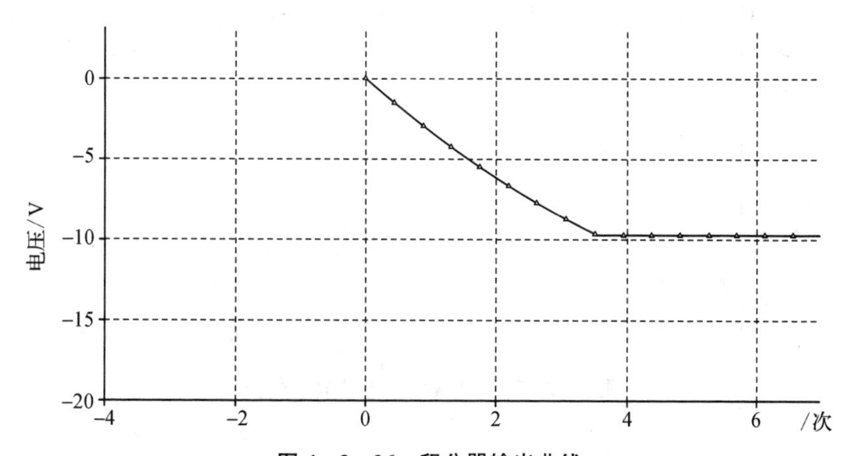

图 4－2－26　积分器输出曲线

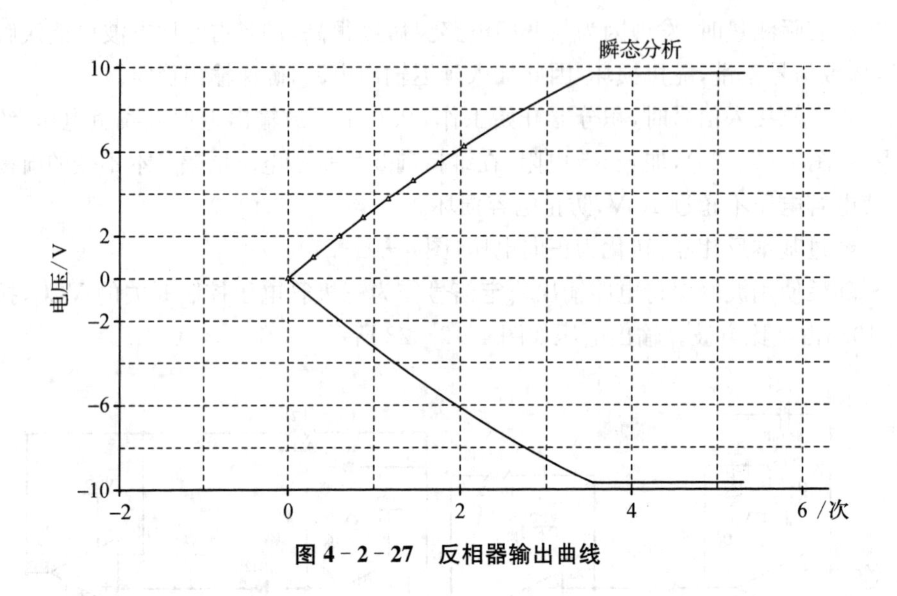

图 4-2-27　反相器输出曲线

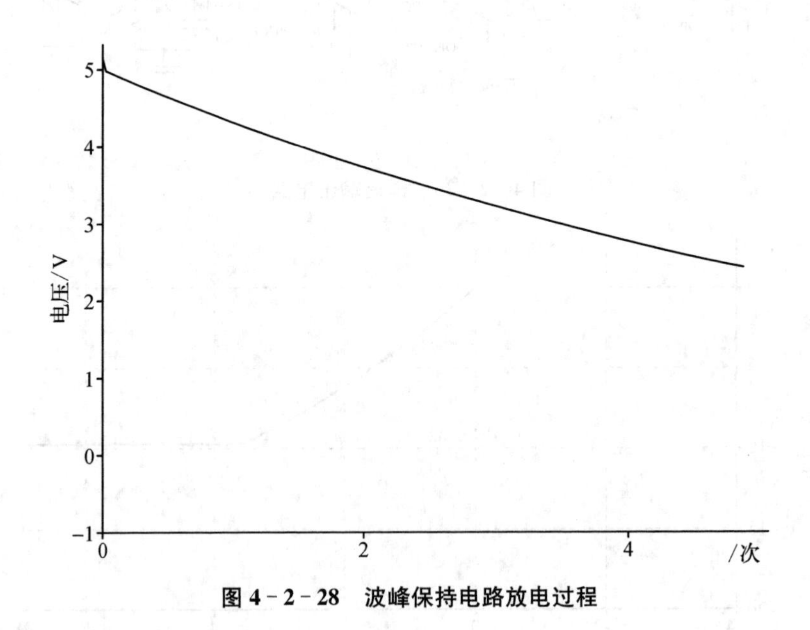

图 4-2-28　波峰保持电路放电过程

三、PCB的设计和制作

1. 呼吸灯的PCB

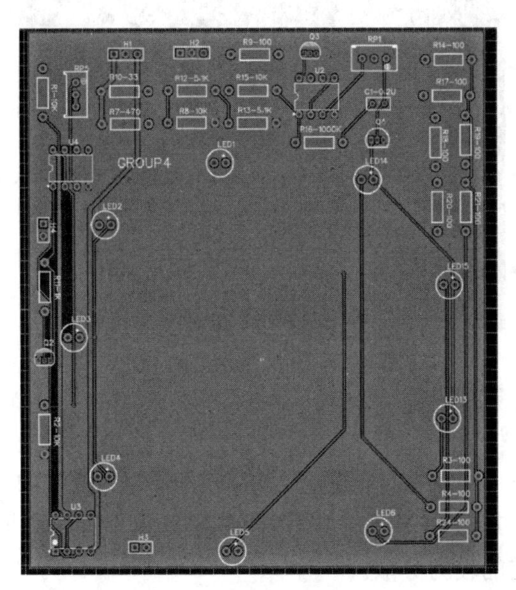

图4-2-29　呼吸灯的PCB

原方案设想将LED灯直接分布在PCB板上,故采用环形分布。后更改方案为飞线引出LED灯。考虑到电源线和GND网络的电流大小,本PCB的VCC网络和GND网络使用30 mil线宽,信号线为10 mil线宽。本项目采用模块化设计:共设计了两个电源排针,方便统一电源布局,一个H4排针便于引出光敏电阻到轨道,一个H3排针便于连接流水灯电路板。

2. 流水灯的PCB

在本次的设计中设计了10个LED灯,为了与整体的设计相协调,并考虑视觉美观的问题,将10个LED灯等距排列在了板子的周围。为了减少布线的复杂性,使用了布局传递的功能。在实现后可以观察到LED灯会按顺序在圆周上依次点亮。

线宽大小为0.254 mm,焊盘直径为1 mm,板子直径为60 mm。将连接器放置在板子外侧以便接入电源,其余元器件放置在板子中央以节省空间。

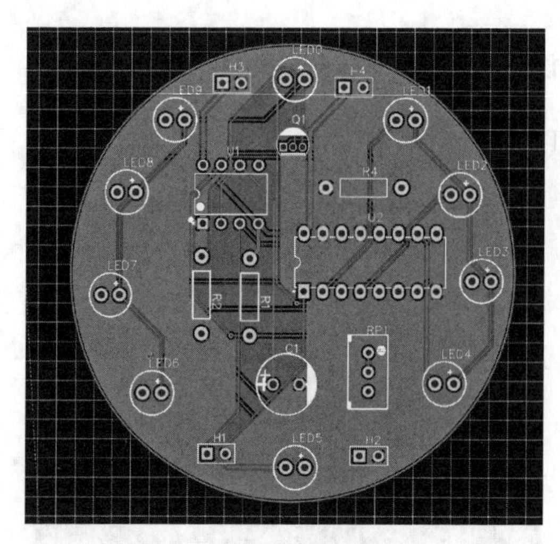

图 4-2-30　流水灯的 PCB

3. 投球部分的 PCB

波峰保持电路用于维持信号的持续并供给高电平方波的 VCC，因为其体积较大且需要与多个其他 PCB 板连接，故将连接器集中置于板框边缘，便于连接，元器件也以此排布的较为分散。

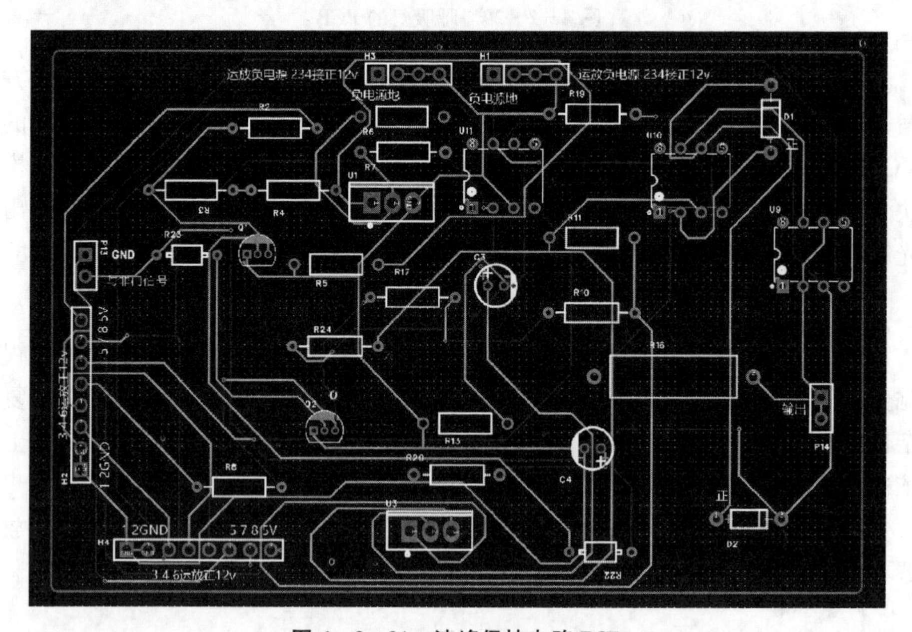

图 4-2-31　波峰保持电路 PCB

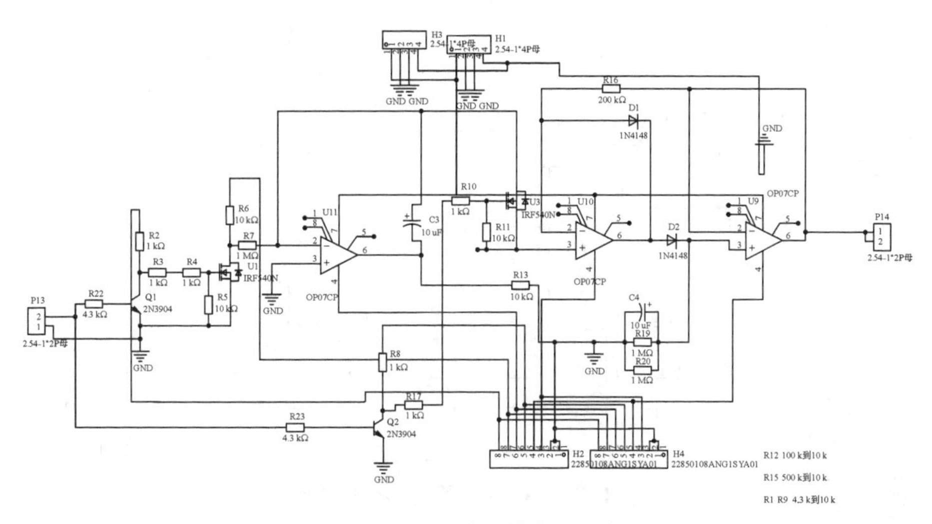

图4-2-32 波峰保持电路仿真图

4. 方波发生器的PCB

方波发生器是电路中的重要组成部分，且本组实验设计之中需要两组不同占空比的方波信号，故将方波发生器电路设计为统一规格，通过更改焊接时所连接的电阻阻值，改变对应PCB板所能生成的方波信号占空比。

同样采用将连接器集中放置在板框边缘的设计，便于连接输入输出信号的杜邦线。

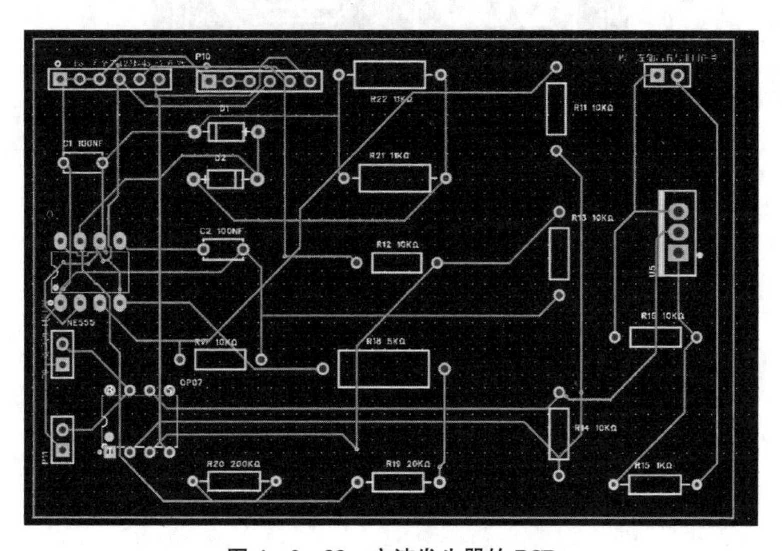

图4-2-33 方波发生器的PCB

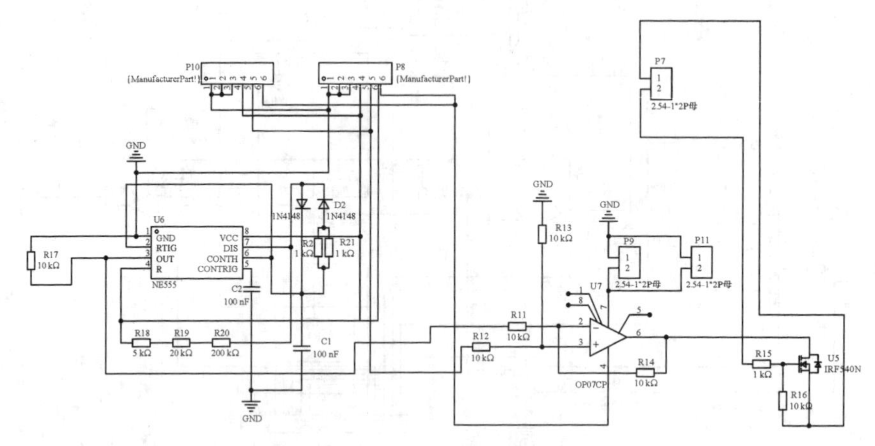

图 4－2－34　方波发生器的仿真图

5. 积分器和反相器的 PCB

由于积分器和反相器之间并无其他电路模块，且为节省布局空间，将积分器和反相器设计在了同一块电路板上，将重要且容易出问题的部件，如三极管等部分置于边缘，方便检测和调试。

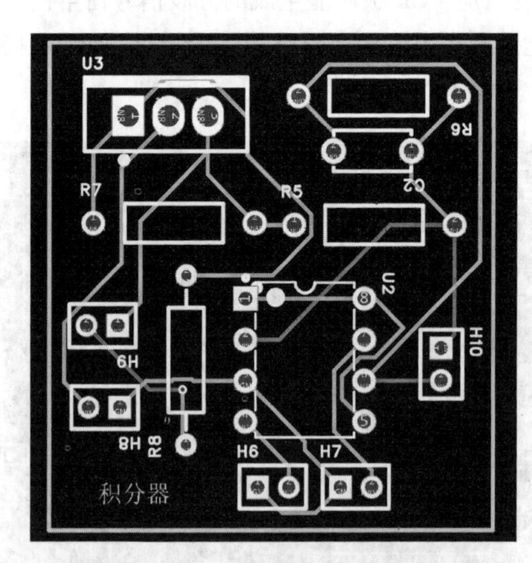

图 4－2－35　积分器和反相器的 PCB

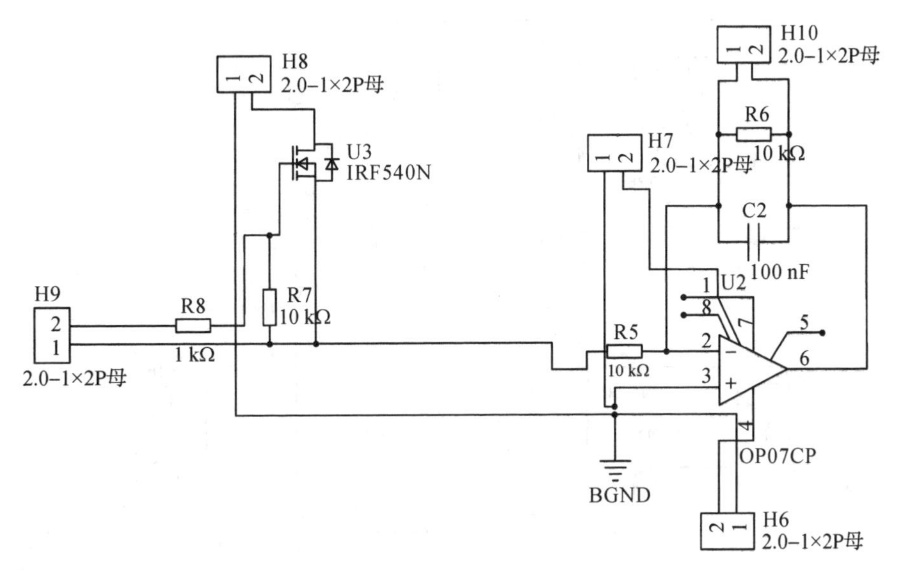

图 4-2-36　积分器和反相器的仿真图

6. 与非门的 PCB

由于与非门模块需要处理红外传感器的信号，且容易受到外界干扰，所以将其设计尽可能做出简化，并进行了铺铜以减少干扰的影响。

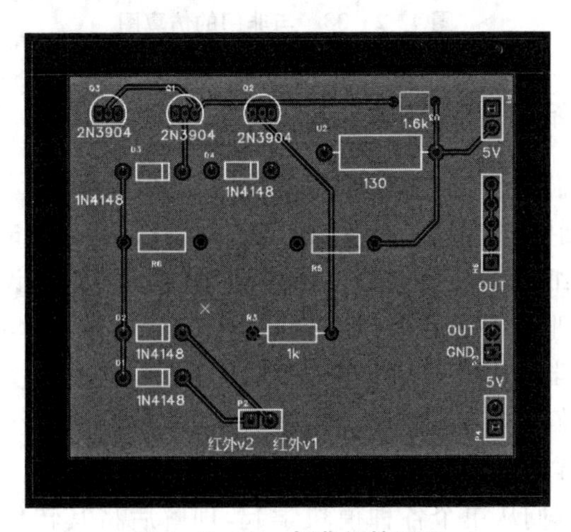

图 4-2-37　与非门的 PCB

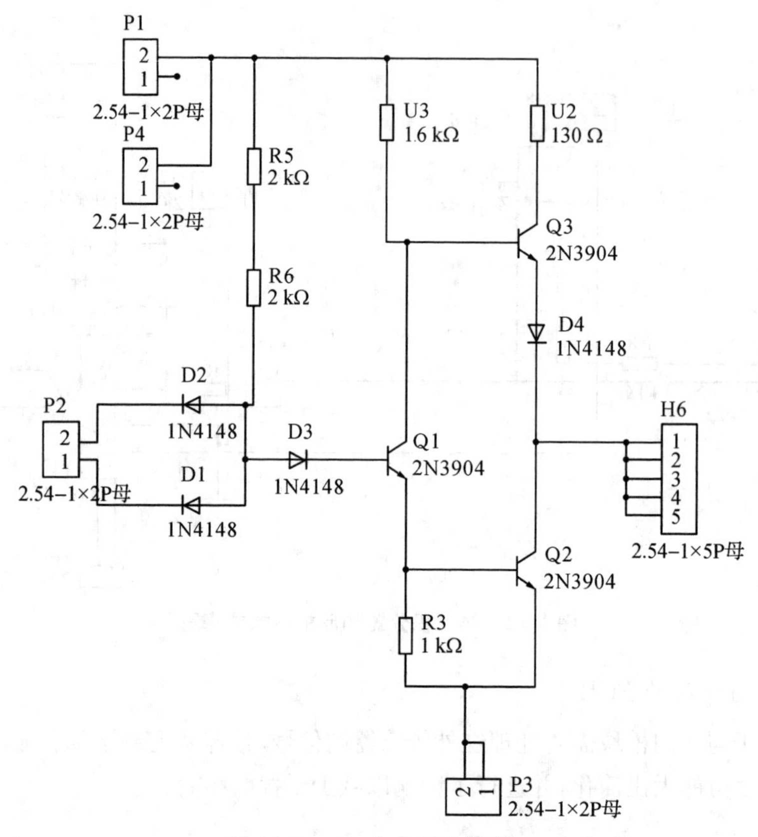

图 4 - 2 - 38　与非门的仿真图

四、实验总结与经验分享

此次实验，我们小组在老师和助教的带领下学习，自己运用电路分析和模拟电路知识以及查阅资料，从无到有实现了各种灯在信号到来时闪烁并延时的功能，感受到了耐心细心以及知识的重要性，提前感受了电赛设计调试的整个流程，对电子这一专业有了更深的了解，同时明确分工合作的学习模式。在整个实验过程中，本组同学们积极设计电路，绘制原理图和 PCB 板。在电路遇到问题并需要排查时，我们一丝不苟地检查电路功能，并重新绘制板子，重新进行焊接。正是每个人的付出才能让我们的模块顺利完成。

在实验课上我们从单个各种模块学起，理解后将其转化成自己能运用的部分，逐渐建起我们大作业的框架，在这个过程中，我们是从输入到输出，从被教到主动学习——学到了很多，不仅仅是模拟电路原理的实际运用，更是对硬件的处理如元器件的效果与选择，参数的控制，封装的选择，PCB的制作，焊接都有所了解和实践。我们也遇到了不少问题，包括技术上的焊接虚焊或者焊盘掉落，或是原理图仿真结果和实际不一致而需要反复调试，或是其他方面从设想的可实现性到材料的购买和发票的保存都让我们在合作学习中解决。

这里分享一个我们印象比较深刻的的解决问题的过程：在灯效模块中，我们遇到了一个问题，如何用一个信号控制两个模块的工作？我们的第一方案是将控制电路放在NE555和CD4017的信号传输线上，并使用BJT作为电子开关控制信号的传输。这个设想很贴合人的自然想法。但是，实际电路上却发现，由于BJT的饱和导通压降的存在，信号的低电平将被抬高1 V左右，而这1 V的偏置电压却使得CD4017无法正常工作。后来，我们将BJT更改为MOS管。但是，我们惊奇地发现加入MOS管开关电压后，无论前端信号是高电平还是低电平，CD4017都可以正常工作——这和我们的初步设想是违背的。我们使用示波器进行监测：MOS管的输出信号出现了一个个脉冲尖峰，而这些脉冲尖峰被CD4017识别，误认为是矩形波的上升沿而正常输出时序信号。

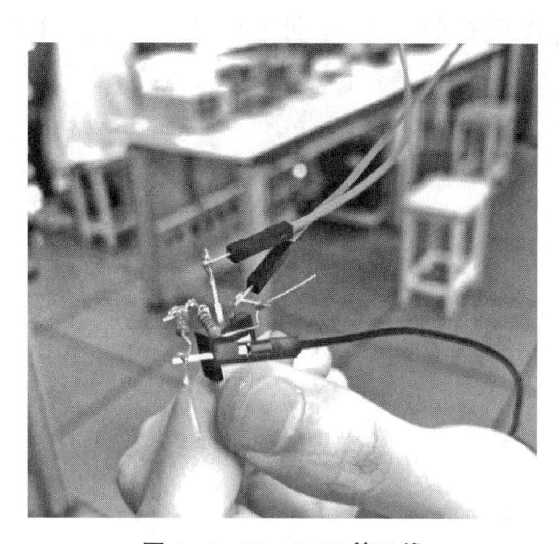

图4-2-39　MOS管飞线

后来我们认识到，将电子开关放在信号线上会引入很大的干扰，而这些都是由于经验不足导致的。于是，我们便将电子开关放在LED的共阴极支路上。这样，信号可以直接由NE555的OUT端口输入到CD4017的CLOCK端口，中间只存在较小的引线干扰。

在实验过程中，我们多次经历逐步认识到方案的不完善，并积极寻求解决策略的过程。而组内成员无间的合作，高效的沟通交流，正是解决问题的关键。

回想过去的一年，虽然频频感慨学的东西很难，任务很艰巨，但当最后将理论课和实验课上学到的知识实际运用起来，看到我们的“宝贝疙瘩”正常运作起来的时候，我们都有一种感慨：此生入电路分析 SPOC，我们无悔！

实验点评

“魁地奇”是《哈利·波特》系列中重要的空中团队对抗运动 Quidditch 的中文译名，是魔法世界中由巫师们骑着飞天扫帚参加的球类比赛。该组同学受其启发，设计了火车到来时的投球装置、灯效部分和回收装置，能够自动完成整个小球抛出到回收，重新装填，再次抛出的过程，创意非常好，内容设计还包括投球的机械结构设计和抛物线轨迹的设计，融合了电子、机械、物理等多学科的知识，非常棒！

该组同学在投球调试阶段花了不少时间，到最后的成功，不仅电路设计能力得到提高，解决问题的能力也得到提高，理论结合实际，学习了很多书本中没有详细说明的知识，这个课程给同学们留下了极为深刻的印象，为他们的电子专业学习打下了坚实的基础。

案例4.3　“流浪地球”计划——太空电梯

一、实验构思

【微信扫码】

小车到来的时候，会把红外对管的光线反射回去，通过红外传感器，产生一个负脉冲，并利用555定时器分别产生10 s和5 s的高电平信号，10 s信号控制一个高电平继电器用来控制电机支路的开断；5 s信号控制电机两端电压的正负从而控制电机正反转。同时，红外传感器还会将信号传给顶灯电路和音乐模块，使顶灯闪烁并使音乐响起。电梯在上升下降过程中，通过遮挡光敏电阻使层灯发生明暗变化。

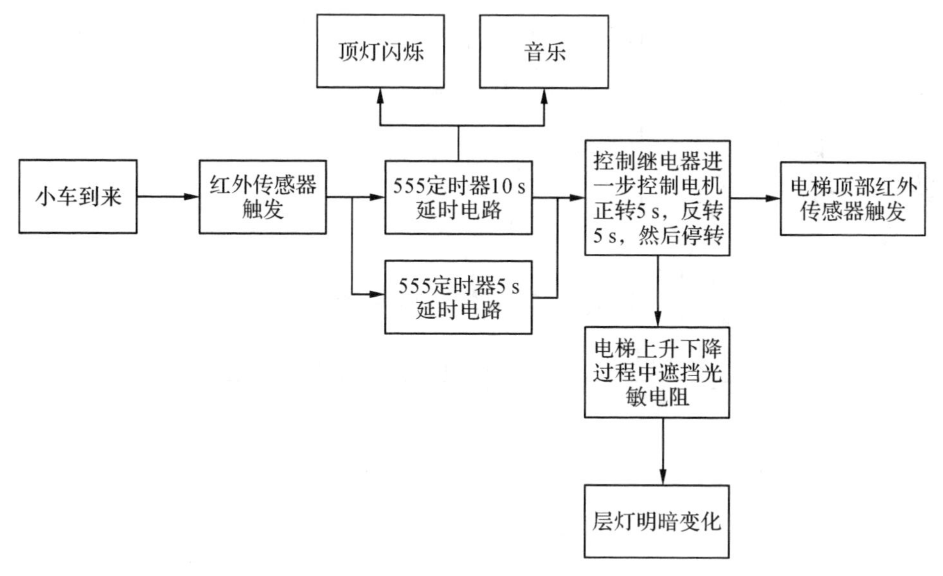

图4-3-1　系统框图

二、实验内容

1. 红外传感器的实现

用开关S1表示红外对管是否接收到反射光，当开关断开时表示红外接收管处于关断状态，此时输出端为高电平5 V，指示二极管处于熄灭状态；当开关闭合时表示物体遮挡了红外线，红外接收管饱和，此时输出端为低电平 0，指示二极管被点亮。

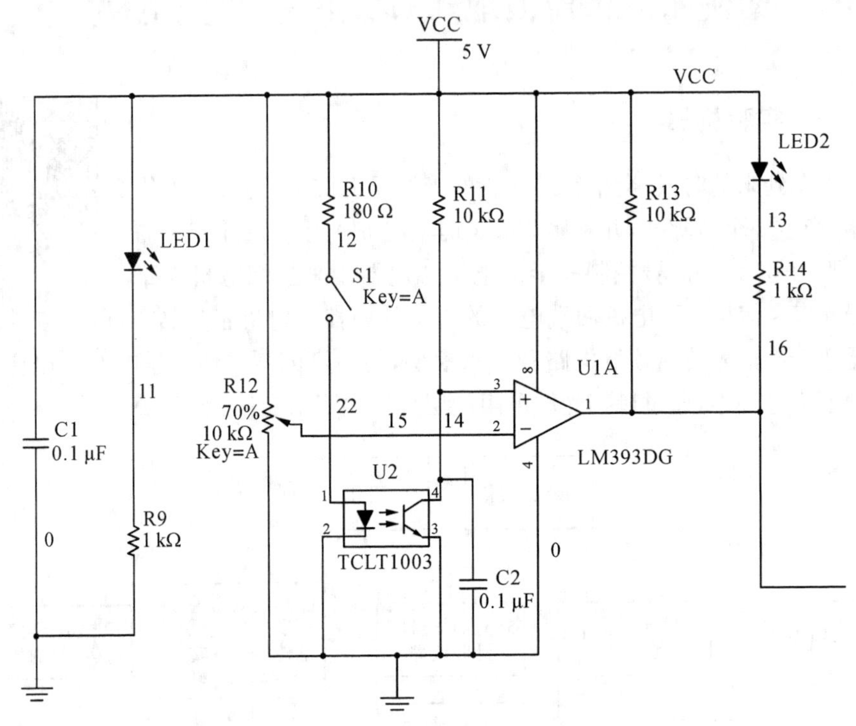

图 4-3-2　红外传感器电路图

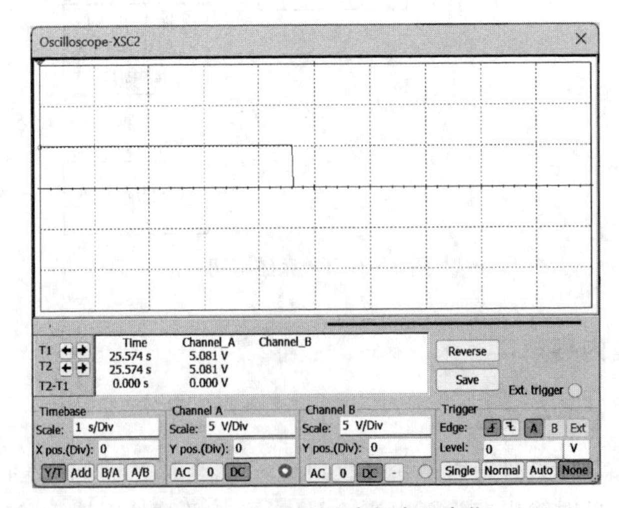

图 4-3-3　输出端高低电平变化

2. 延时电路的实现

使用 NE555 芯片，TRIG 脚接 TCRT5000 的 A0 模拟输出口，当小车未到达时，2 口输出高电平，电位>$1/3V_{CC}$，内部三极管导通，6 口电压<$2/3V_{CC}$，3 口 OUT 保持低电平状态。当小车到达时，通过 2 口 TRIG 口输入低电平信号，2 口电压<$1/3V_{CC}$，此时内部三极管截止，R1，C1 支路导通，C1 电容充电，经过 $t=RC\times\ln3$(约为 $t=RC\times1.1$)的时间，6 口电压由 0 升至 $2/3V_{CC}$，在 2 口 TRIG 信号小于 $1/3V_{CC}$ 时，3 口输出信号始终高电平，但是由于火车遮挡时间较短(约 2 s)，TRIG 信号只能保持一段时间为低电平，之后 2 口信号>$2/3V_{CC}$，但是在 t 之前，由于 6 口电压小于 $2/3V_{CC}$，输出口 3 口保持高电平输出，在 t 之后，由于 6 口电压大于$1/3V_{CC}$，VO 输出低电平，同时内部三极管导通，电容放电，经过一段时间后，6 口电压回落到 $2/3V_{CC}$以下，输出口保持低电平，回到初始状态。

基于上述原理，我们选择了 4.7 MΩ 电阻与 2 μF 电容搭配实现了 10 s 延时电路，选择 4.7 MΩ 与 1 μF 电容搭配实现了 5 s 延时电路。

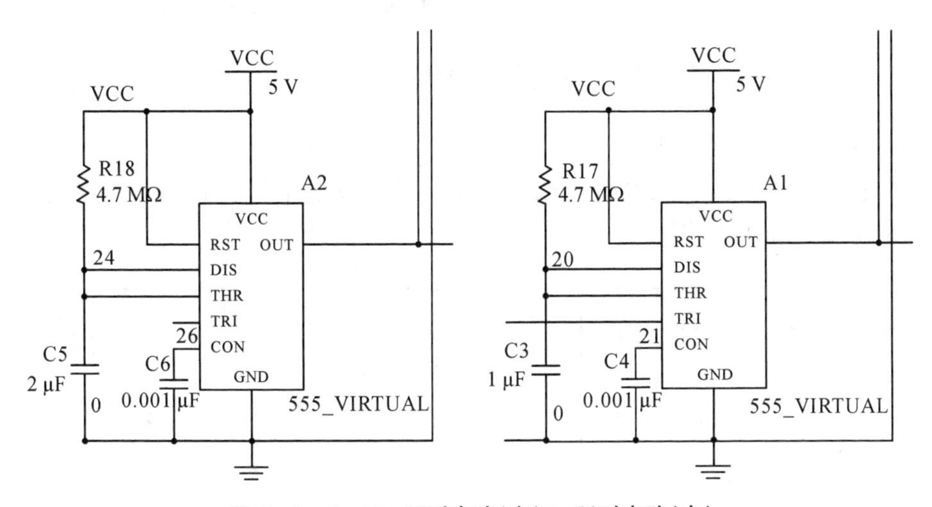

图 4-3-4　10 s 延时电路(左)5 s 延时电路(右)

3. 电机正反转及停转的实现

通过 10 s 延时电路使继电器 1 的 COM1 和 NO 接通 10 s，电机支路正常通电，通过 5 s 延时电路使前 5 s 继电器 2 的 COM2 与 NO 接通，接入 5 V 的高电平，继电器 3 的 COM3 与 NO 接通，接入 0 的低电平，此时电机正转；后 5 s 继电器 2 的 COM2 与 NC 接通，接入 0 的低电平，继电器 3 的 COM3 与 NC 接通，接入 5 V 的高电平，此时电机反转。10 s 后继电器 1 的 COM 与 NC 接通，使电路断开，达到了自动控制电机转动情况的目的。

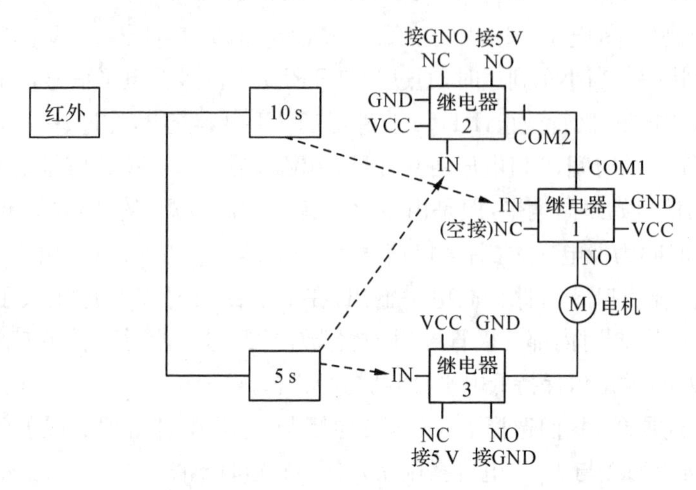

图 4－3－5　继电器控制电机正反转和停转模块

4. 顶灯闪烁电路的实现

直流电源通过 4.7 kΩ 电阻给电容充电，100 Ω 电阻保护 LED，通过电容充放电实现 LED 的闪烁。

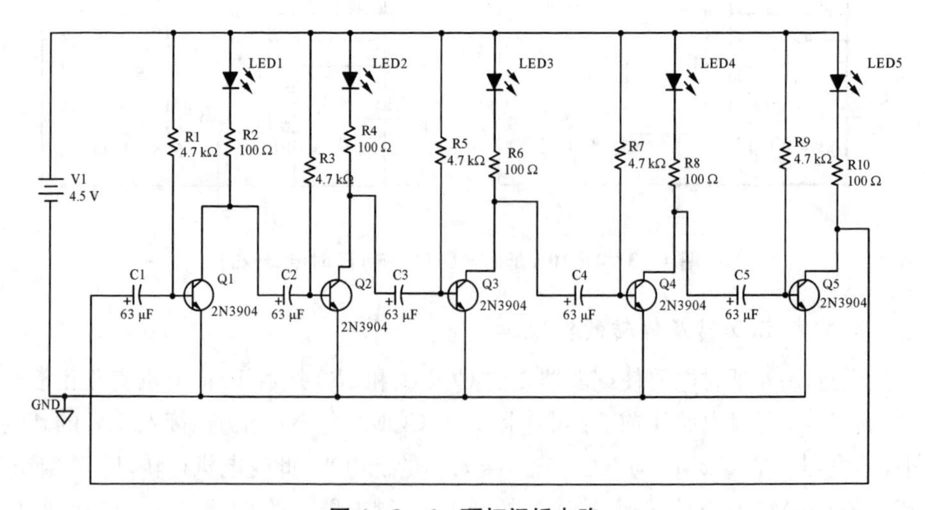

图 4－3－6　顶灯闪烁电路

5. 层灯电路的实现

为了实现电梯到达对应层，对应层的灯就亮起的功能，我们设计了如图 4-3-7 所示的电路，图中 R15、R19、R23、R27 为光敏电阻，根据光敏电阻在光照情况下阻值减小的特性，我们在电梯上安装了一颗小灯，当小灯照射到光敏电阻上时，光敏电阻阻值减小，使通过 LED 的电流增大，使其点亮。

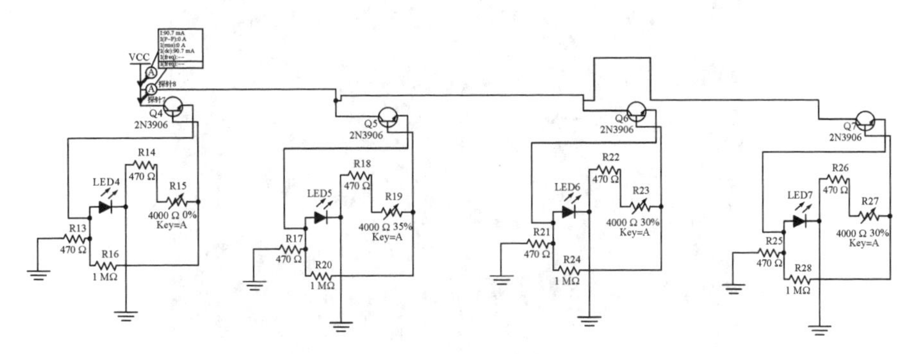

图 4-3-7　层灯电路图

三、PCB 的设计和制作

1. 红外传感器的 PCB

红外传感器不需占用太大空间，应做到尽量小，于是将 PCB 元件绘制得很稠密，将板身绘制得很小，方便放置。

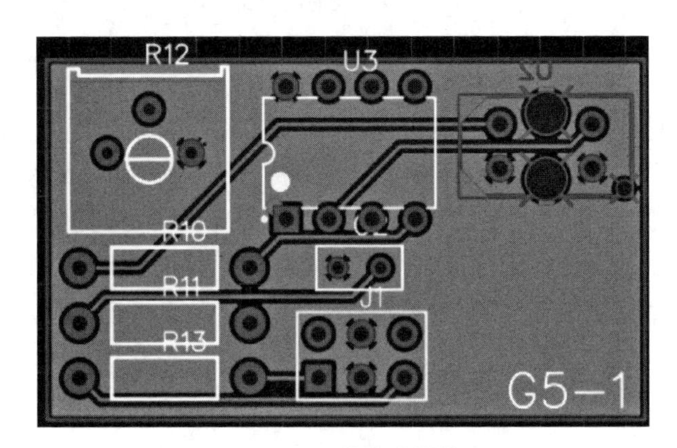

图 4-3-8　红外传感器的 PCB

2. 延时电路的 PCB

由于需要大量的接口来连接 PCB 与继电器和电源正负极，我们在原理图生成的元件外，加了非常多的排针。因此，我们在 PCB 绘制时详细地标明了排针名称，方便测试，不易产生连接错误。

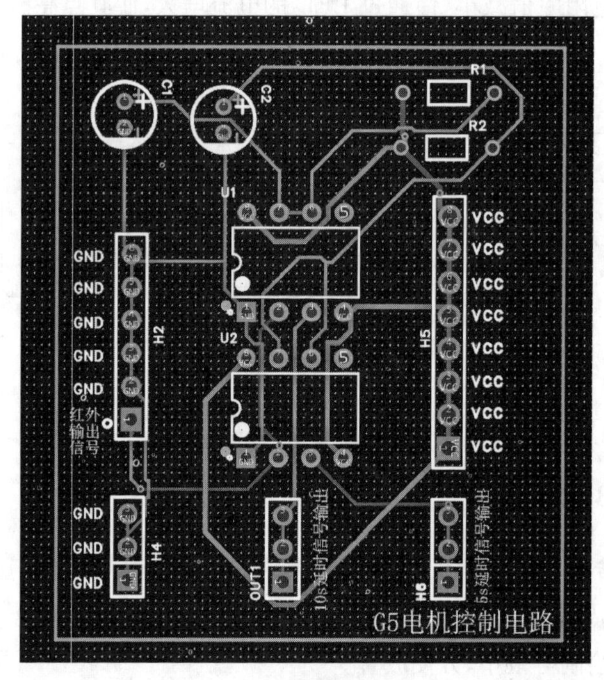

图 4-3-9　延时电路的 PCB

3. 顶灯的 PCB

起初我们打算在电梯顶部和底部都放置这种环绕闪烁灯，但是考虑到底部摆放该电路板不太现实，尺寸要求过大且需要内部轮廓掏空，最终决定只在电梯顶部使用该电路。我们在 LED8 的正负极和 R17 - R18 处设置了电压检测端口，为 741 的 2 端口设置排针以供接受来自红外电路的信号，这也是连接被切割后的两块电路的纽带。PCB 尺寸则从经济的角度考虑采用了 10 cm×10 cm 的大小。

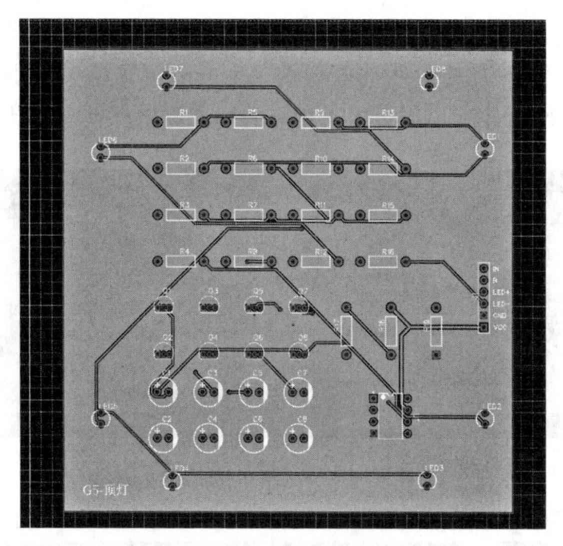

图 4-3-10　顶灯的 PCB

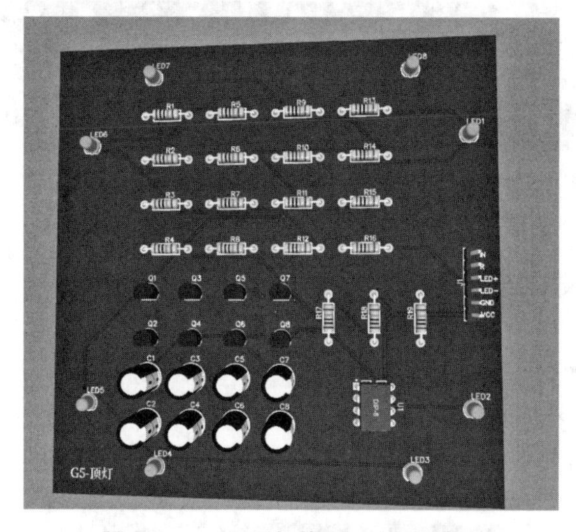

图 4-3-11　顶灯的 PCB 3D 预览图

4. 层灯的 PCB

考虑到电机的高度与层灯的预期功能，将层灯数增加到了 7 层，在参考了太空电梯的大小(长约 15 cm 宽约 8 cm 上升高度约 22 cm)后，PCB 的大小设计为高 22 cm，宽 5.5 cm，同时我们参考了老师的建议，增加了许多排针，通过排针的连接来实现多个 PCB 的共同供电。我们也给每一个 LED 的正极提供了排针检测口，方便测量与分析。并依据电梯在底部与顶部暂停的位置调整了第 1 层和第 7 层在 PCB 上的位置，使第一层中心距离底部约 1.65 cm，第 7 层中心距离底部约20 cm，从而使电机在底部暂停和顶部暂停时相应的层灯可以保持亮起状态。

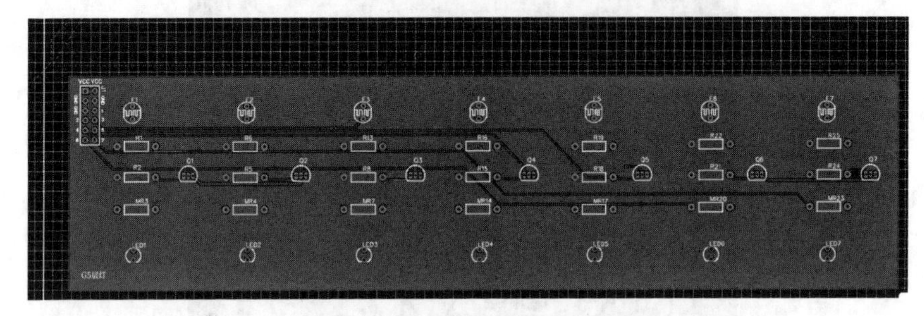

图 4－3－12　层灯的 PCB

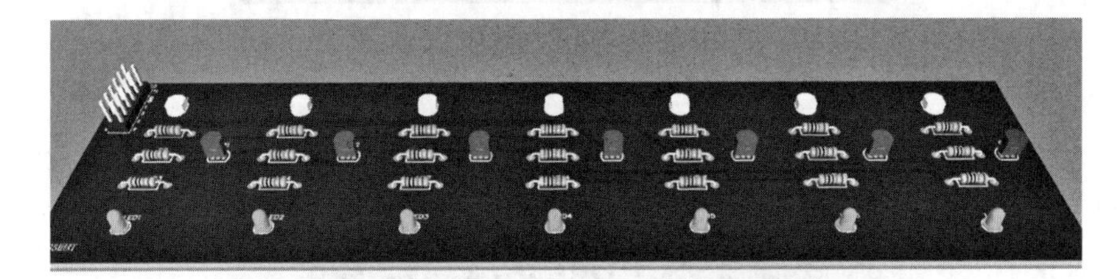

图 4－3－13　层灯的 PCB 3D 预览图

四、实验测试与结果

1. 结果与数据

(1) 测试红外传感器

在未遮挡情况下成功输出低电平 0，在遮挡情况下成功输出高电平 5 V。

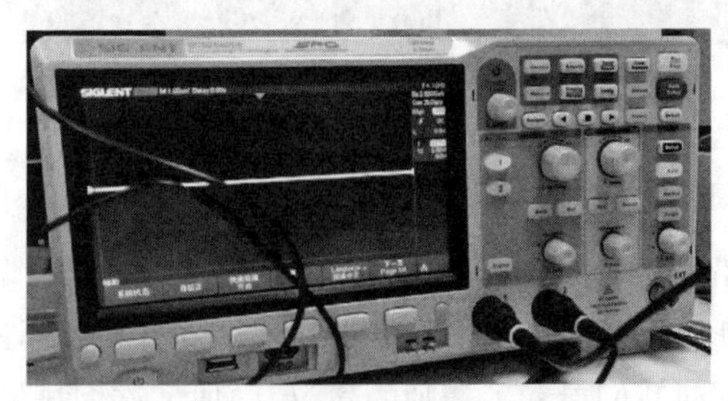

图 4－3－14　未遮挡输出低电平 0

图 4-3-15　遮挡输出高电平 5 V

(2) 测试延时电路、继电器和电动机

5 s 延时电路最终延时为 5.6 s 左右，10 s 延时电路最终延时为 9.8 s 左右。误差较小，在可接受范围之内。四个高电平触发继电器均可以正常工作。电机一开始置于电梯顶部时，在上升阶段经常遇到卡住或曳引不动的问题，在调整后也成功实现了正转、反转和停转的效果。

(3) 测试顶灯

灯闪烁速度略快于预期，但是不影响效果，肉眼依然可以清晰识别。

(4) 测试层灯

光敏电阻在光照情况下电阻约为 0.6 kΩ，在无光情况下电阻约为 10 kΩ。但由于光敏电阻性质不完全一样，灯的亮起的临界也不尽相同。电梯上的 LED 灯照射时，每层灯的亮起时间较短，视觉效果与理想情况存在一定差距。

2. 结果分析与影响因素

(1) 电机传动装置不稳定，啮合不紧密，易造成电机空转，无法正常带动电梯。

(2) 由于电机上升和下降时会产生抖动且速度较快且设计的层灯数目较多导致电梯灯无法稳定地照射到层灯板子上以及每层层灯亮起时间稍短，造成层灯亮灭效果未达到完美效果。

(3) 顶灯 741 芯片设计时未考虑单电源供电情况，导致实际效果与预期有差异。

五、实验总结与经验分享

1. 遇到的问题

(1) 我们电机预期实现的功能应该有三种工作状态，即停转、正转、反转状态，而在第一稿的电路中我们通过三极管搭建出来的正反转电路由于高低电平两个状态只能实现正转和反转，无法实现停转状态。于是我们考虑加入三极管开关，思路是当红外模块检测不到物体时，高电平由555转变为低电平并输出到三极管栅极，使得三极管阻断电机支路，从而处于停转状态。但仿真结果却不尽人意，同时第一稿的三极管电路输出电流很小，无法满足我们期望的电动机功率大小，导致电梯无法被电机曳引上去，所以我们将它作为了废案，最终选择用继电器来代替。

(2) 顶灯闪烁电路初始的设计是一个交流信号供电的声控电路，通过咪头感应声音变化输出交流电信号，使灯在有声音的时候开始闪烁。由咪头将声音信号转化为电信号，经电容耦合到三极管Q1进行放大，放大后的信号送到三极管Q2、Q3的基极由Q2、Q3各驱动八只LED发光，当环境的声音越大，LED灯就越亮。但经老师提醒真实实验环境声音嘈杂，咪头未必能很好地体现出环境声音的变化，因此我们也将此作为废案。第二版我们删去声控部分，但最后焊接完成后发现由于设计波形发生器时没有妥善考虑到频率的问题，在仿真中看起来一切正常，但是实际中就会因为闪烁过快而看起来没有闪烁。并且在实际电路中，红外对管的输出并不是从零开始，而是从1.8 V左右开始变化。这直接导致了三极管开关无法使用。因此我们舍弃了交流供电，改为了直流供电，目的是简化掉波形发生器模块，追求更容易的实现闪烁的功能。在测试时又出现了有一个LED坏掉无法亮起的情况，最终更换LED后测试通过。

(3) 层灯电路的问题主要出于首次购买的光敏电阻阻值在亮和暗的情况下阻值变化过小，后来通过更换阻值变化更大的光敏电阻，并改变了其余电阻的阻值，将原先的三极管型号从2N1132A改为了2N3906，功能最后得以正常实现。

2. 体会与感想

(1) 理论与实际

很多时候理论模拟可以实现的电路在实际情况下并不容易实现，很多电路都是利用面包板等方式确认实际可行后再根据实际电路对原理图进行修改，制作PCB板。这也让我们认识到理论与实际的差距，实践才是检验真理的唯一标准。在此也想引用仙林焊接室墙上的一句话“小白蜕变成大神从这里开始”来说明实践的重要性。我们也将在未来的学习生涯中继续保持这种实践为先的学习方法。

图 4-3-16　仙林校区焊接室墙壁上的字

(2) 耐心与坚持

虽然我们组在实现功能的过程中遇到了数不清的困难,但我们都一一克服。"台上一分钟,台下十年功",为了展示的短短几十秒,我们付出了几十个小时的时间,泡在实验室,泡在焊接室。在周末鼓楼焊接室不开门的情况下到了仙林校区的焊接室去试错、改进。这次的实验作业充分磨炼了我们的毅力,最终的成功也让我们品尝到了坚持的可贵。

(3) 收获与感谢

回首这两个月的综合实验,从头脑风暴时的天马行空,方案讨论时的无从下手,到分模块搭建环节的屡次碰壁,再到逐步改进优化的一次次冥思苦想与灵感迸发;从之前理论课阶段一个学期去四五次实验室,再到现在每周实验室只要一开放就有我们的身影,每次都是带着未完成的电路依依不舍地离开实验室,甚至在实验室不开放的时候我们都在期盼着实验室开放;从大家彼此陌生,鲜有交流到实验后期大家无须言语便可意会的默契。面包板上的电路搭了一次又一次,控制部分的电路一次次断开及重连,各部分电路如何进行分组共用一个电源……努力没有白费,团结终有收获,最终效果如期实现,我们的电梯实现了!感谢这段旅程以来老师们的指导,特别是陈艺老师多次为了我们在实验室多停留一小时;感谢一路以来其他小组同学们的彼此鼓励,大家拿出周末等各种课余时间,彼此鼓励,并肩战斗在实验室;特别要感谢同组同学们的支持,每次喊大家一起去实验室干活的时候,大家鲜有犹豫,也感谢组员们的信心与坚持,一次次的失败并没有打消我们的激情,我们从三极管到继电器,从正弦波发生器到比较器,一次次地修改,经历了太多的磨难,大家没有灰心,没有放弃,在一点点的纠错中走向了成功。此生无悔入 SPOC!

(4) 给学弟学妹们的建议

① 在画原理图时注意封装的选择,切忌选错封装!画PCB板时要在板子上标注好各部分的名称,各个排针接口的名称,方便后续的调试与检查。

② 在PCB板子到货后不要着急焊接,可以先在面包板上进行测试,调整元器件的参数,减少焊接后不能正常运行的麻烦。

③ 购置元器件时最好多买一两份用作备份。

④ 在设计时应尽可能分成多个小模块,不要将所有的电路弄到一块板子上,这样便于调试,也方便修改。

实验点评

"太空电梯"原型来自电影《流浪地球2》。老师和同学们都特别希望能够实现这个方案。好的创意不光能够驱动小组内的同学团结一致,也能够影响到班级中的其他小组。

电路方案上,该小组多次将电路分析中的RC电路动态响应原理进行了活学活用。他们使用了经典电路——555定时器来控制电梯升降延迟,精确实现了5 s,10 s两种不同的延迟;并且在LED的闪烁电路中,再次使用了RC电路的充放电延迟作用来控制LED等的顺序点亮。相信经过这次综合实验,这些同学应该对RC电路的原理和作用理解得更加透彻了。

案例 4.4　小丑嘉年华

一、实验构思

【微信扫码】

小车到来的时候,会把光线挡住,通过光敏电阻触发一个单稳态 555 定时器产生一个定时的高电平信号和一个低电平信号。一方面,高电平信号使三极管开关导通,触发灯效;另一方面,声音模块接收低电平信号开始工作,从而实现“小丑嘉年华”的效果。

自然界中的声音信号为多种频率的正弦波信号的叠加,麦克风可以采集声音信号,并将其转化为电信号。带通滤波器可以选出一定频率范围内的信号,使频带外的信号衰减。我们将麦克风输出的电信号输入不同中心频率的带通滤波器之后,可以得到不同频率范围的电信号,用以驱动不同的 LED。二极管的正向导通电压约为 0.7 V,在并联的 LED 间串联二极管,利用二极管正向导通的分压,可以使 LED 随输入电信号的增大而逐渐亮起。我们可以在这些简易构思的基础上,搭建一个利用声音的频率、大小控制 LED 亮灭的电路。

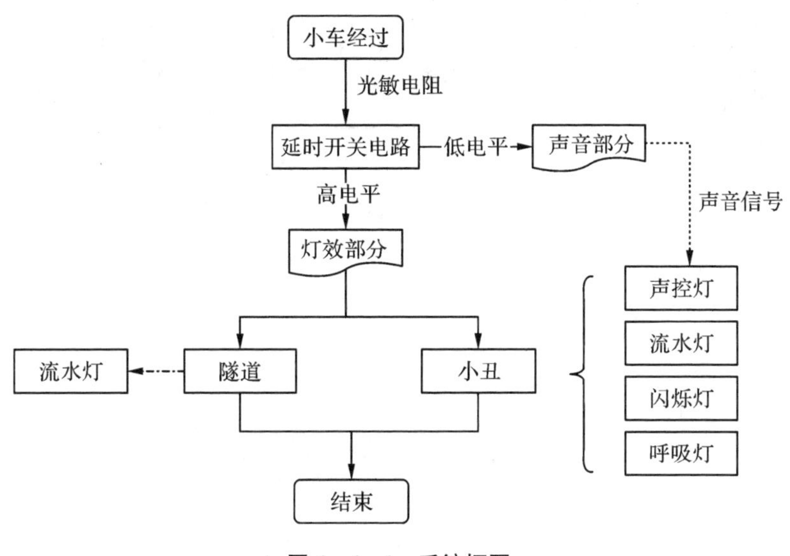

图 4－4－1　系统框图

二、实验内容

1. 延时开关电路的实现

在仿真中，我们用两个电阻代替光敏电阻。当小车不经过时，光敏电阻受到自然光的照射，阻值较小(约为 1 kΩ)；小车经过时，小车在光敏电阻上方，没有光照射光敏电阻，阻值较大(5 kΩ～8 kΩ)。我们采用基于 NE555 的延时开关电路，以延长导通时间。当小车没到时，光敏电阻分压较小，TRI 输入高平信号(大于 $V_{CC}/3$)，OUT 端口输出低平信号。当小车经过时，光敏电阻分压较大，TRI 端口输入低平信号，OUT 端口输出 5 V 电平。此时 NE555 内部的三极管不导

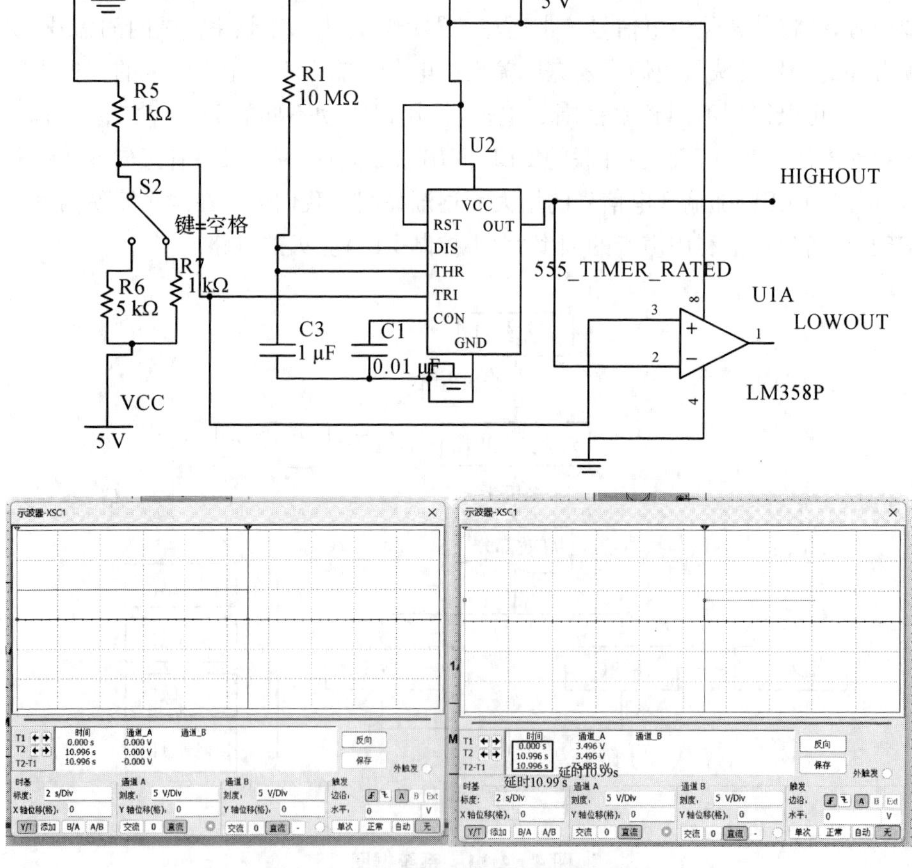

图 4-4-2　延时开关实现及仿真结果

通，DIS 端不再与地导通，电容 C3 开始充电。在 C3 充电到 3.3 V 之前，若 TRI 变为高电平(即 THR 端低电平，TRI 高电平)，OUT 表现为维持之前状态即保持输出 5 V 信号。直到 C3 充电到 3.3 V，NE555 自动复位，OUT 端才再次输出低平信号。故在 C3 充电的这段时间，OUT 端能一直输出高频信号。并且充电的时间约为 $1.1\times R_1C_3$，我们可以通过改变 R、C 的值调节。

由于音乐模块要求工作时输入低平信号，于是我们又加了一个 LM358P，实现高平信号到低平信号的转化。当小车没来时，放大器的负端电压为 0，输出一个高平信号(大于 3.3 V)。在小车触发 NE555 的时间里，放大器的负端为 5 V，显然大于正端，输出低平信号(为了安全，我们在 LM358P 后加了 1 kΩ～3 kΩ 的限流电阻)。

2. 呼吸灯的实现

555 三脚输出方波，R5 是 LED 限流电阻，决定 LED 亮度，R4 限制充电电流的大小，决定电容充电时间，R1 决定 C2 的放电时间，C2 两端电压逐渐升高，三极管基极电压升高，LED 由灭到亮，三极管导通时，电容放电，电压下降，LED 由亮到灭，如此反复。

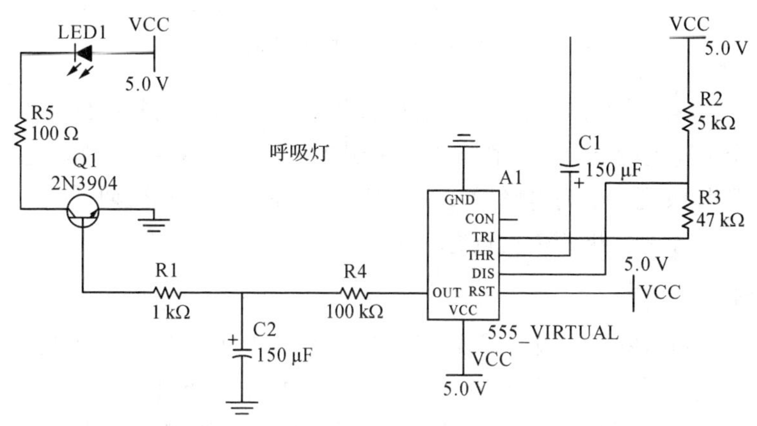

图 4-4-3　呼吸灯的实现

3. 流水灯的实现

左侧为感应电路，检测到火车通过后开关闭合开始运作。

电源通过 R26 与 R27 向电容 C4 充电，由于 C4 连接到了 555 振荡器的 2 脚，2 脚电压低于 $1/3V_{CC}$时，输出端 3 脚给出的为高电平，而 7 脚为高阻态，所以 C4 继续通过 R26、R27 充电，直到 C4 的电压达到 $2/3V_{CC}$。C4 达到 $2/3V_{CC}$后，超过了 6 脚的阈值，因此输出端 3 脚输出变为低电平，7 脚也变成低电平。于是 C4 无法继续充电，而是经由 R27 向 7 脚放电，直到 C4 电压重新达到 $1/3V_{CC}$ 为止。C4 电压降至 $1/3V_{CC}$ 后，2 脚触发，3 脚输出从而又变为高电平，7 脚变成高阻态，便开始了新一轮的循环。

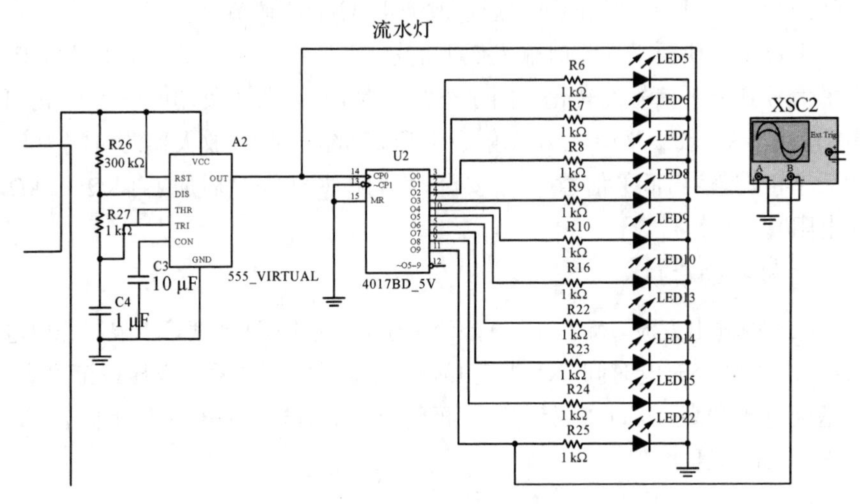

图 4-4-4　流水灯的实现

每当 555 振荡器输出一个脉冲之后，CD4017 的 14 脚每接收到一个脉冲，输出的 10 个引脚上的高电平就移向下一个引脚。例如设现在是 3 脚(Q0)输出高电平，14 脚接收到一个高电平后，2 脚(Q1)变成高电平，3 脚变回低电平，依次这样下去，10 个发光二极管依次点亮。

4. 闪烁灯的实现

电源接通后，两只三极管就要争先导通，但由于元器件差异，必定会有一只管子最先导通。若 Q5 最先导通，那么 Q5 集电极电压下降，LED11 被点亮，电容 C6 的左端接近零电压，由于电容器两端的电压不能突变，所以 Q6 基极也被拉到近似零电压，使 Q6 截止，LED12 不亮。随着电源通过电阻 R3 对 C6 的充电，三极管 Q6 的基极电压也随之逐渐升高，当超过一定值时，Q6 由截止状态变为导通状态，集电极电压下降，LED12 被点亮。与此同时，三极管 Q6 集电极电压的下降使电容器 C7 左端电压接近于零，三极管 Q5 的基极电压也随之下跳，Q5 由导通变为截止，LED11 熄灭。如此循环，电路中两只三极管便轮流导通和截止，两只发光二极管就不停地循环发光。

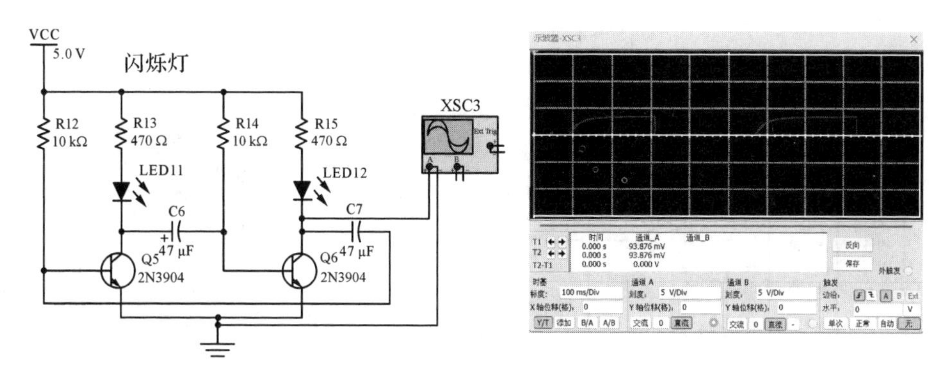

图 4-4-5　闪烁灯的实现

5. 声控灯的实现

（1）二阶带通有源滤波器

按照实验原理部分给出的图片设计参数，取 $R=10\ \text{k}\Omega$，$R_4=3\ \text{k}\Omega$，$R_5=2.4\ \text{k}\Omega$，分别取 C 为 47 nF、15 nF、6.8 nF 和 4.7 nF，得到四种中心频率不同的带通滤波器。根据理论计算，中心频率分别为 339 Hz、1061 Hz、2341 Hz 和 3386 Hz。根据以下仿真结果，带通滤波器的中心频率与理论值符合较好，频带外信号衰减明显。

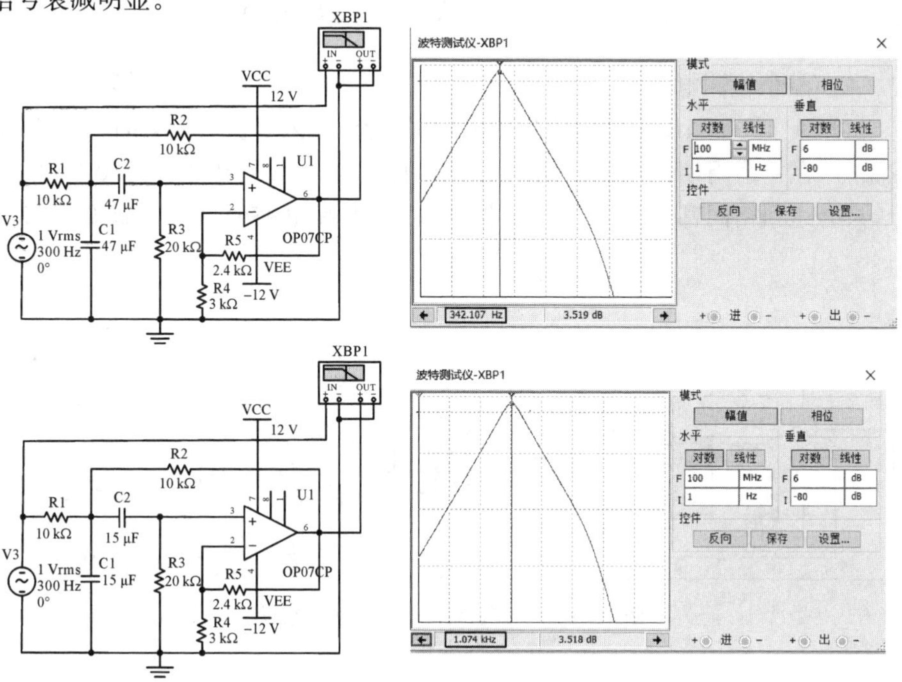

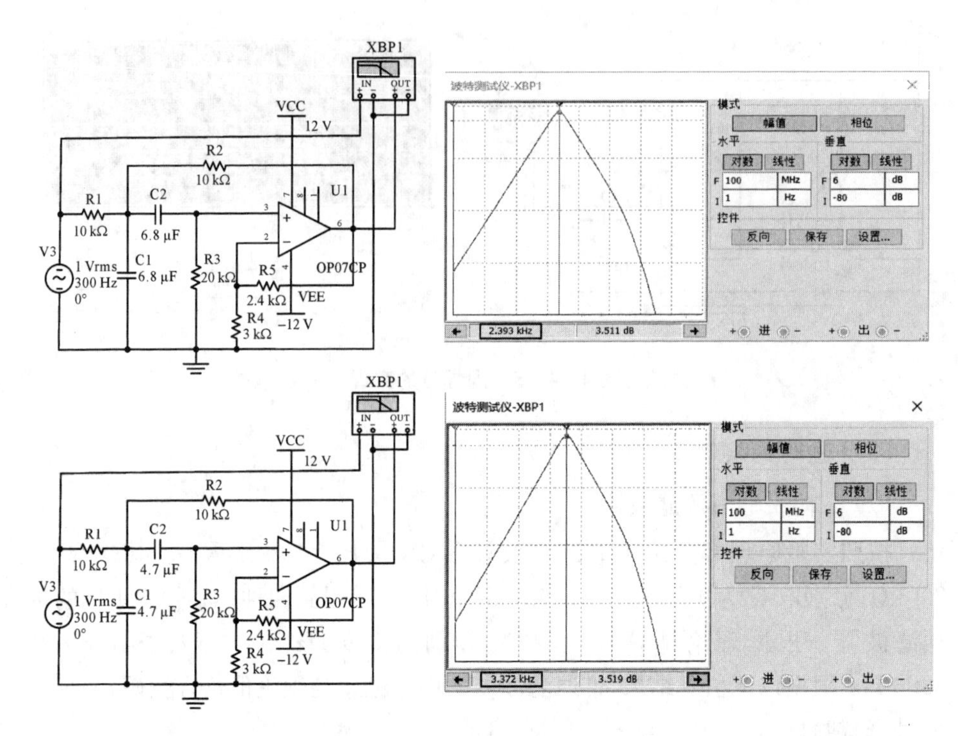

图 4-4-6 带通滤波器的设计及仿真结果

（2）峰值检测电路

对 $C=100$ nF，$R=200$ kΩ 的峰值检测电路，输入峰值为 1 V 的 200 Hz 正弦信号，在一个周期内，可以保持大约峰值的 90%，故对于大于 200 Hz 的信号，只会达到相同甚至更好的峰值保持效果（实际电路使用的二极管型号为 4148）。

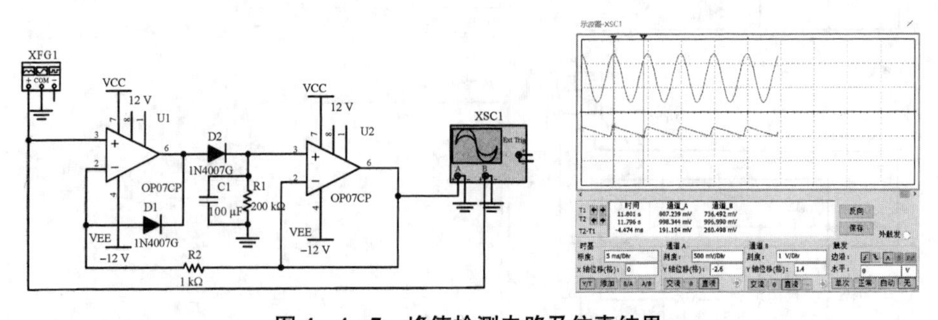

图 4-4-7 峰值检测电路及仿真结果

（3）三极管开关电路和二极管调节电路

每个频率模块之后并联四盏 LED，用 5 V 电源驱动。在仿真结果中，输入信号从 1.1～2.4 V 逐渐增大时，LED 逐盏亮起（实际电路使用的二极管型号为 4148）。

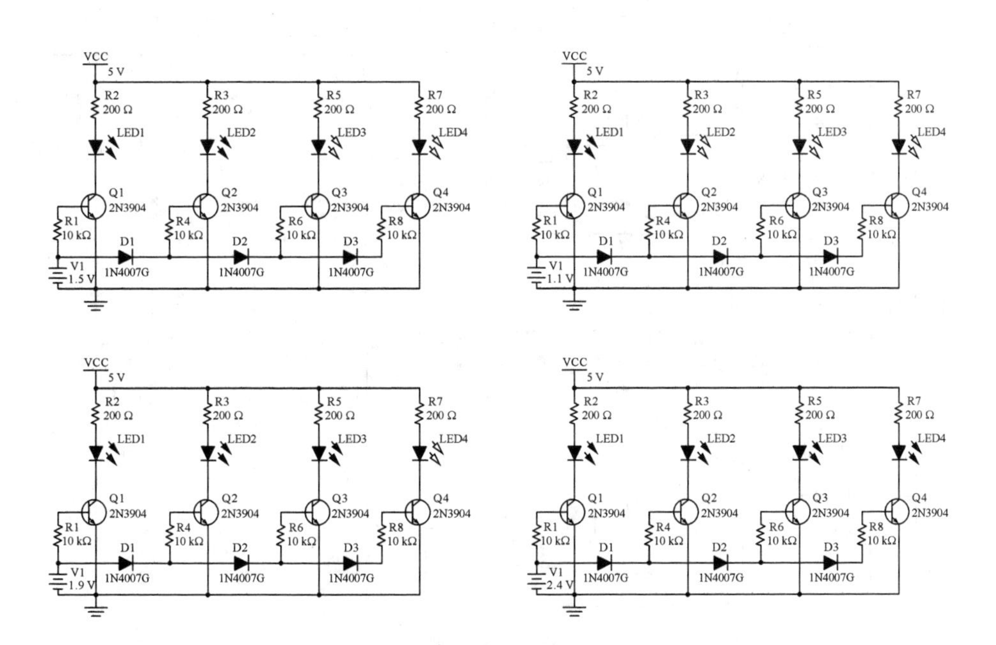

图 4-4-8　三极管开关电路和二极管调节电路

（4）整体仿真

可以实现声音频率、大小控制 LED 的效果。

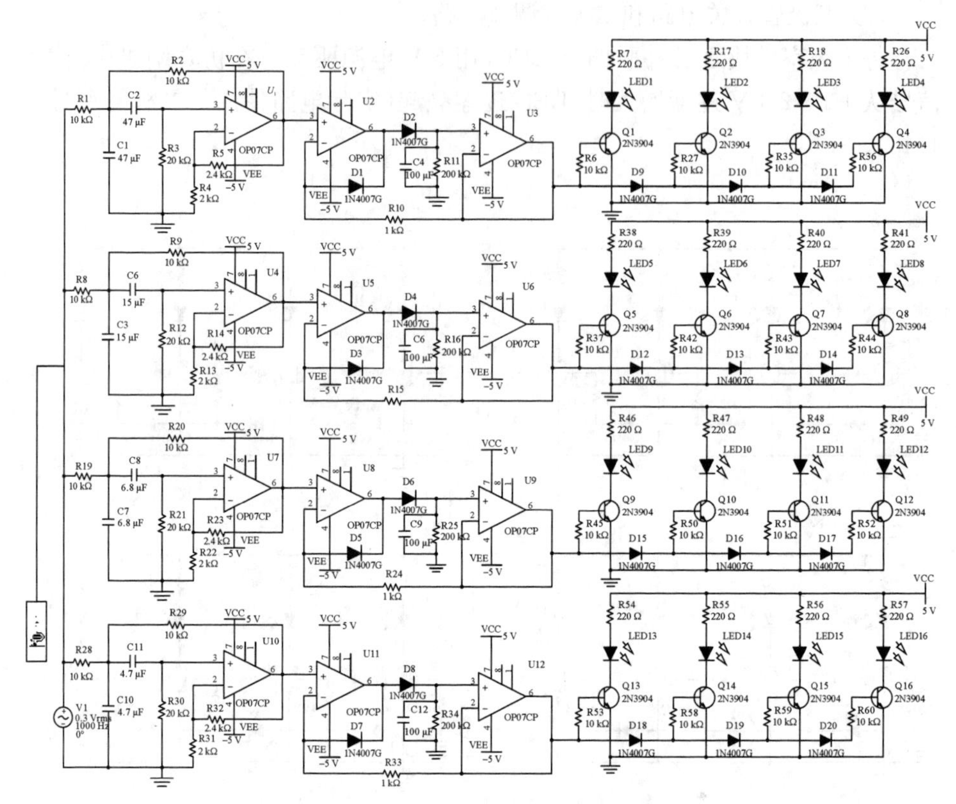

图 4－4－9　整体电路设计及仿真结果

三、PCB 的设计和制作

1. 延时电路的 PCB

由于加了两个芯片，走线比较复杂，添加了几个过孔。由于用到的排针较多，为了便于后续安装和连接，将排针分布于上下两部分，并标明元件型号。由于两个延时开关电路模块原理电路图都相同，便绘制其中一个。

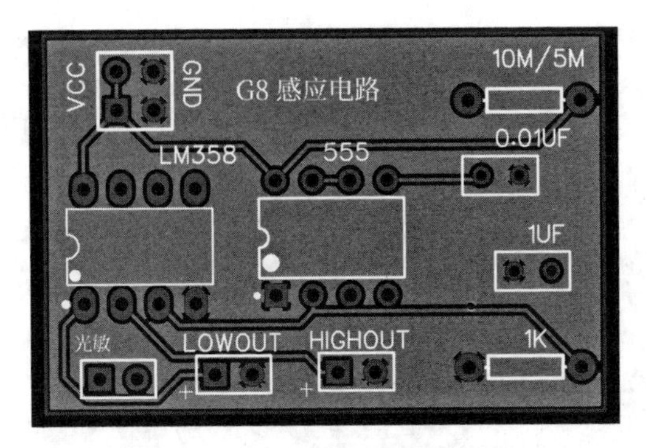

图 4-4-10　延时电路 PCB

2. 呼吸灯的 PCB

为了便于焊接，每个位置都标注了对应的型号和数值。在保证较小尺寸的同时，尽量使元器件分散开来。外接端口用双排针引出，便于与其他模块的并联。

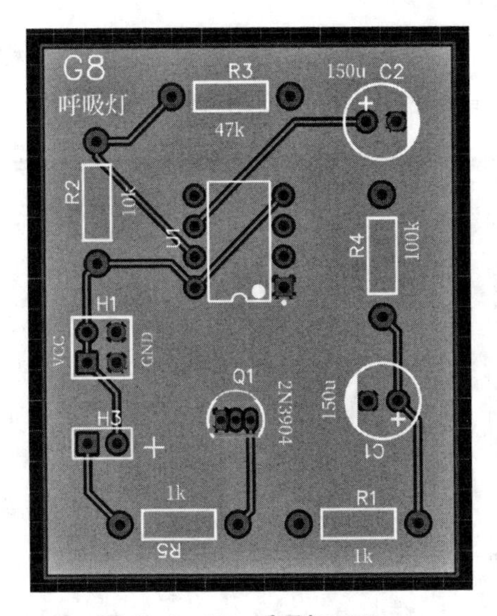

图 4-4-11　呼吸灯 PCB

3. 流水灯的 PCB

流水灯上有较多的 LED 灯，且为稳定电流有较多的限流电阻。为了接线方便和展示时的效果将流水灯的部分集中在 PCB 板右边，能达到灯从上到下依次亮灭的效果。555 芯片和 CD4017 排布在中央位置方便布线，16 脚芯片引出导线较多，为了能全部覆上铜，添加了多个过孔。

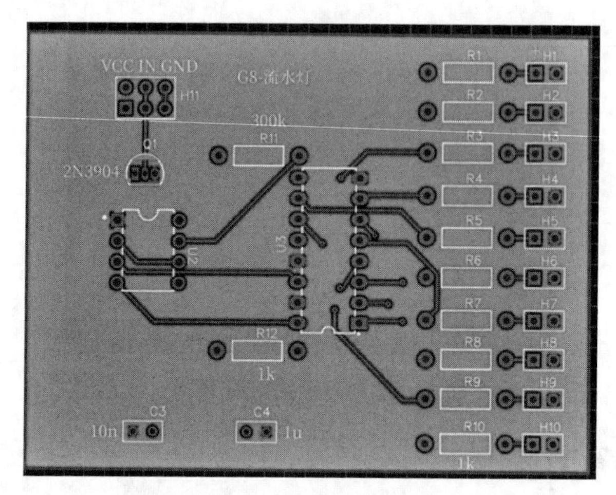

图 4-4-12　流水灯 PCB

4. 闪烁灯的 PCB

因为电路由对称的两部分组成，所以元器件也采用对称分布，同时避免了复杂的走线。采用直插式封装，LED 位置用排针引出，并标注正负端脚。

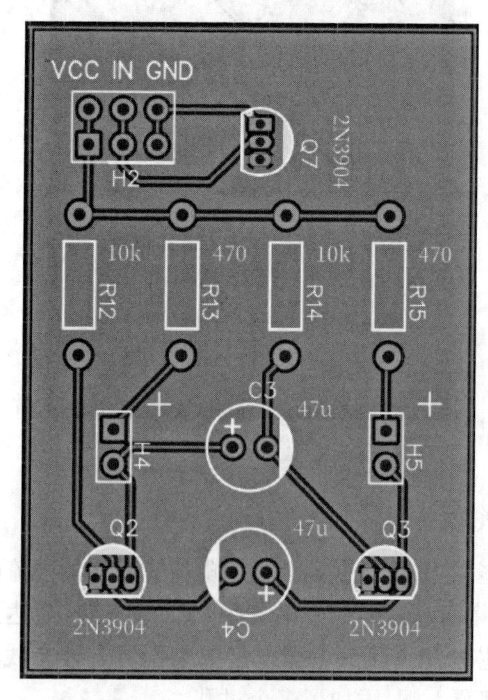

图 4-4-13　闪烁灯 PCB

5. 声控灯的 PCB

由于四支电路的对称性，我们只绘制其中一支电路的 PCB 板，板间通过排针和导线连接，采用同一个正电源和同一个负电源共同供电。为了后续装饰的美观性，LED 灯不直接焊接在 PCB 板上，通过排针和导线引出。

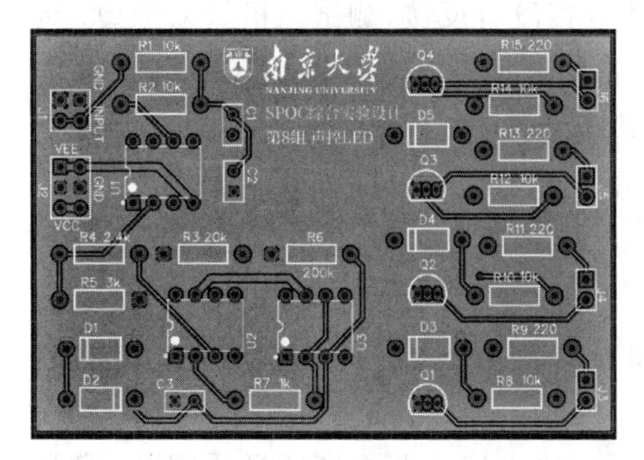

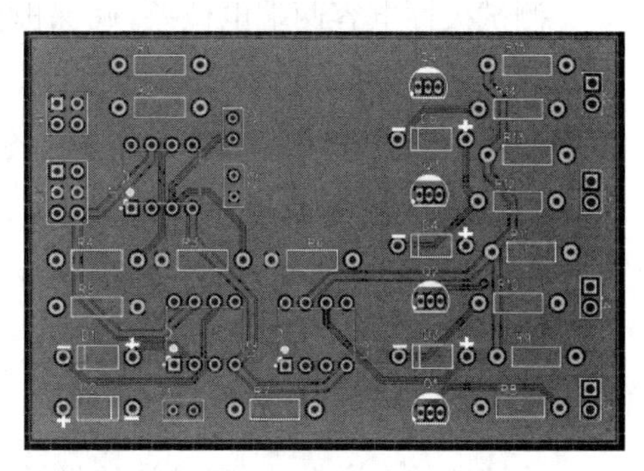

图 4 - 4 - 14　声控灯 PCB

四、实验测试与结果

1. 测试开关

测试光敏电阻阻值变化是否符合预期，发现不符合预期后更改分压电阻的阻值，通过测试符合预期效果。测试 555 延时电路延时效果，发现延时效果都符合预期(一个 11 s，一个 5.5 s)。测试 HighOUT 和 LowOUT 的值，发现都符合预期(未触发时，HighOUT 输出 0 V，LowOUT 输出 4.5 V；触发时，HighOUT 输出 4.8 V，LowOUT 输出 48 mV)。

2. 测试呼吸灯

测试 NE555 三脚能否正常输出方波，测试电容能否充分放电，测试三极管能否正常导通，测试 LED 两端电压变化，观察 LED 的渐变效果。

通电后，NE555 三脚能够输出方波，一个周期内电容可以充分放电，使得三极管在导通和截止状态反复切换，LED 呈现渐亮渐暗的效果。

3. 测试流水灯

测试芯片供电是否正常，通过测试 NE555 的输入输出确保延时成功，并确保输入能够触发 CD4017 的脉冲整形功能，测试 CD4017 的输出端口电压、LED 的供电电源确保其能使 LED 正常工作，测试左侧感应电路是否能正常给流水灯电路供电。

供电正常，NE555 成功实现电路延时，成功触发 CD4017 的脉冲整形功能，使得 LED 灯正常工作。

4. 测试闪烁灯

测试极性电容两端电位差，确保极性电容没有反接，测试三极管 Q5、Q6 能否正常导通，测试左侧感应电路是否能正常给流水灯电路供电。测试 LED 灯负极电压波形，确保 LED 灯能正常工作交替闪烁。

电路连接正确，供电正常，三极管正常导通，LED 灯可以正常工作。

五、实验总结与经验分享

在这一部分，我将谈一谈电路设计和调试中遇见的几个问题和解决方法，不足和改进方法，并从中总结一些经验。

滤波器的自激振荡：在最初的设计，为了追求滤波器更高的品质因数，我取 $R_4=3\ \text{k}\Omega$，$R_5=5.6\ \text{k}\Omega$，此时 Q 接近 10，但负反馈系数过大使滤波器出现了自激振荡现象，无法正常工作。在之后修改中，我逐渐减小 R_5 的值，最终确定 $R_5=2.4\ \text{k}\Omega$，这样既消除了自激振荡，也保证了比较良好的品质因数。

过大的驱动电压：LED 的开关电路模块最初是使用 12 V 驱动的，但由于参数计算错误，导致三极管集电极的限流电阻阻值过小，导致部分 LED 和三极管被烧坏。再次核对了 2N3904 的数据手册之后，改用 5 V 电压源驱动，电路均可正常工作。

焊接问题：部分元器件出现虚焊和焊接不牢的情况，导致部分 LED 在有信号输入时不亮或时亮时灭，一个接地排针虚焊，使得麦克风模块不能成功接地，从而引入了 50 Hz 的工频干扰，使电路不能正常工作。重新焊接后电路工作正常。

电路的不足之处：受滤波器阶数的限制，频带外的电信号衰减不够快，若输入的声音信号足够大，即使信号频率在通带之外，也有可能使三极管导通，甚至出现 16 盏 LED 同时亮的情况，失去了区分声音频率的作用。改进方法：在麦克风模块后接一个反向比例放大电路，放大电路的电阻使用电位器，根据声音信号的实际大小调大增益或者减小增益，必要时缩小麦克风的输出信号。或者在 LED 开关电路中并联足够多的 LED，有足够的电压才能使全部的三极管导通，可根据 LED 亮起的数量判断此时输入信号的主要频率范围。

理论知识与实践相辅相成，实践必须要有充分的理论基础，但同时不能拘泥于理论，在实际电路测试中要以实验结果为准，实验中的各种误差及不可控因素都不可忽略。调试电路是要遵循一定的循序，逐级有序检查，先从基本问题开始检查(避免如焊接错误、元器件选择错误、连接错误等低级错误),若不能解决时要主动考虑不可控因素(如测量仪器损坏、元器件损坏等),及时查阅资料,或求助老师和有相关实验经验的学长学姐。

完成一个电路综合设计,把它变成实物,是一个非常具有挑战性的任务,从一开始的无从下手,然后逐渐入门,一步一步地走过来,对我们来说真的受益颇多。

首先,团队合作是一切的前提。完成实物设计离不开每个组员的努力。思路清晰,分工明确,这样每个人就可以安心地做好自己的工作。组员间的沟通与鼓励,是我们前进的最大动力。

其次,需要不断地学习和探索。为了实现设计的功能,我们需要掌握许多基本的技术技能,不仅仅是模拟电路原理的实际运用,更是对硬件的处理如元器件的效果与选择,参数的控制,封装的选择,PCB的制作,焊接都有所了解和实践。整个过程,是把理论知识付诸实践的过程,但绝不是生搬硬套的过程,实际情况远比我们想象的复杂。

最后,我认为成就感是这个综合实验最大的收获。鼓起勇气一步一步完成实物设计,通过请教老师和学长不断地攻克难关,每有一个电路正常运行,每有一组LED灯亮起,心中的喜悦都是难以言表的。

总之,这次综合实验设计的实物制作,使我们体验到了不同于理论的实践,得到了宝贵的经验。感谢老师的耐心教导,感谢组员的相互支持。在最后向所有为本次实验提供帮助的老师和学长表达真挚的感谢!

实验点评

正如题目所示那样,该创意涵盖了声、光、电的多种控制,名副其实是一场电路的“嘉年华”。他们基本上把我们研究性实验以及综合实验预备实验学到的内容都穿插了起来。特别有意思的是,该组同学用到了很多巧妙的电路实现LED灯的闪烁控制,而不是波形发生器+PWM调制+LED驱动的常规思路。在呼吸灯中,他们使用了555定时器控制一个灯;在流水灯中,为了控制多个灯闪烁,他们使用了一个快速的555定时器,并用此输出来控制计数器计数,用计数器的数字输出去控制多个灯的闪烁;在闪烁灯中,他们为了控制两个灯的交替闪烁,他们巧妙使用一个由二极管和电容组成的不稳定电路,采用极少的电路元件实现了闪烁效果。该组同学把闪灯玩出了花样,让老师和同学们都叹为观止!

案例 4.5 “秘密花园”计划

一、实验构思

【微信扫码】

小车经过时触发光电开关，通过峰值保持器输出从 1 V 逐渐下降到 0 V 的电压，利用 LM358 和电阻分压实现白天太阳分别在东边、正中和西边闪烁，以及模拟不同太阳高度角照射下树叶呈现绿色、黄绿色和红黄色。当电压下降到 0 V 时，触发正弦波发生器在萤火虫电路的输出，实现蓝色和黄色萤火虫的闪烁。

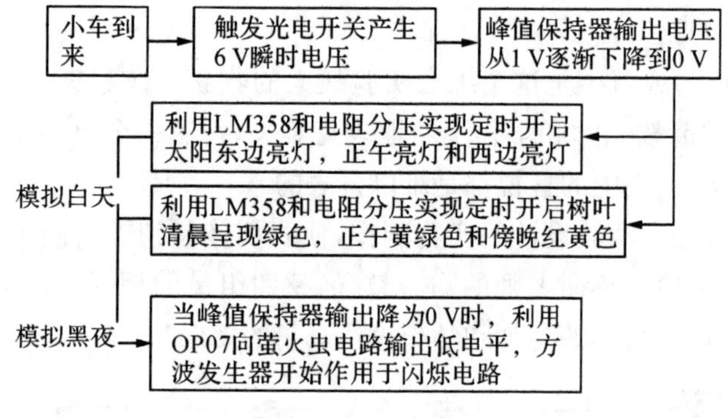

图 4-5-1　方案图

二、实验内容

1. 萤火虫

我们希望在前面“白天时刻”萤火虫不要闪烁，而到了夜晚，通过正弦波发生器产生 7 Hz 的波形来控制灯泡的闪烁。电路如图 4-5-2 所示，U5 的 3 端连接峰值保持器，2 端连接着 50 mV 的阈值电压，那么当峰值保持器的电压在 1～0.05 V 时（白天时刻），输出高电平，此时 Q4 打开，Q6 无法打开；电压在0.05 V 以下时，输出低电平，此时 Q4 关闭。Q6 的开关决定正弦波发生器的输出幅值，也就成功实现了闪烁。

首先，除去正常的闪烁之外，我们还可以看到黄色萤火虫在“白天时刻”

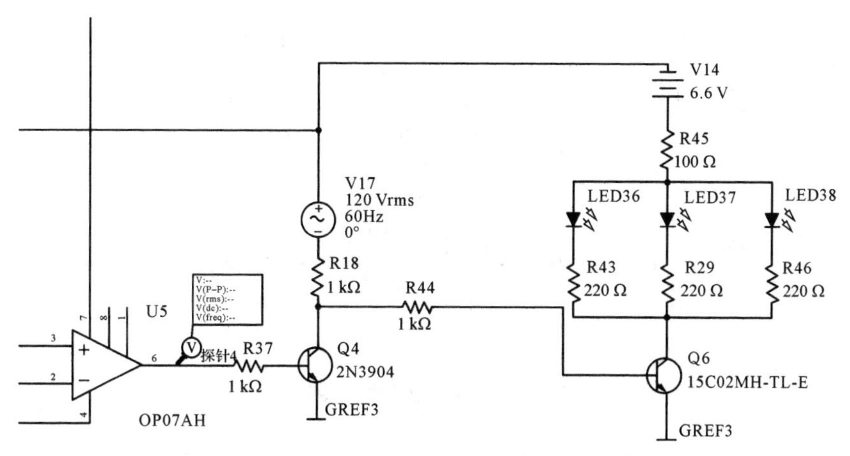

图 4-5-2　萤火虫的实现

依旧是常亮的情况。我们对其的解释是，虽然在“白天时刻”Q4 是打开的，但考虑到 BJT 本身自带的电压，所以 Q6 的基极部分的电压并不完全为 0，可能还是有一定的电压的，而在实际情况下，BJT 在任何时刻都是会导通的（只是导通的程度大小不同罢了），再加上黄灯本身的导通电压低于蓝灯（黄 1.8 V，蓝 2 V）所以一切的阴差阳错之下就出现了这种情况。但总体上还是比较满意的。

2. 树叶＋太阳

我们悬挂三个太阳，依次发光，模拟太阳从东边升起，西边落下。树叶与太阳同步，太阳处于三个不同位置的时候，将会出现三个不同的情况。

第一个太阳：绿灯

第二个太阳：绿黄灯

第三个太阳：黄红灯

结束：关掉所有灯，把舞台留给萤火虫

我们采用阈值比较器，在不同的时机输出不同的信号，控制不同的灯泡亮起。

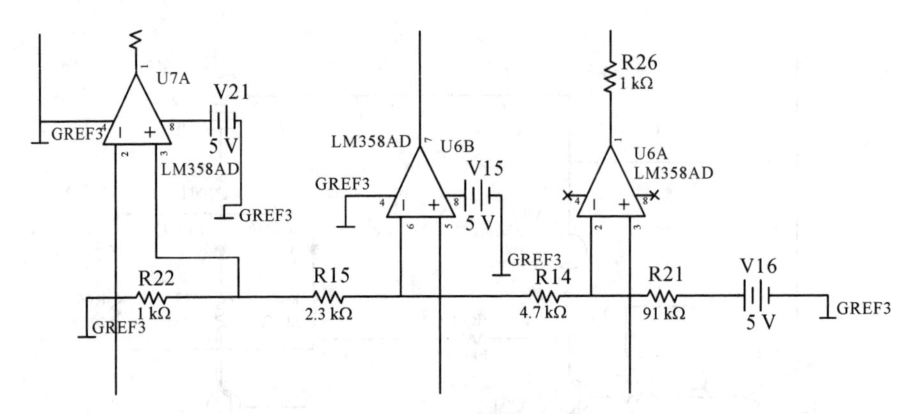

图 4-5-3　阈值电压设计

注意到我们的阈值电压分别是:400 mV,180 mV,50 mV。

而我们的输入电压由 1 V 开始减少,于是这三个电压可以把整个电路分为四个部分,对应三个 LM358 的输出情况(从左往右依次命名为 A、B、C)。

1～0.4 V 时：A:0 V　B:3.5 V　C:3.5 V

0.4～0.18 V 时：A:0 V　B:3.5 V　C:0 V

0.18～0.05 V 时：A:0 V　B:0 V　C:0 V

0.05～0 V 时：　A:3.5 V　B:0 V　C:0 V

太阳部分：

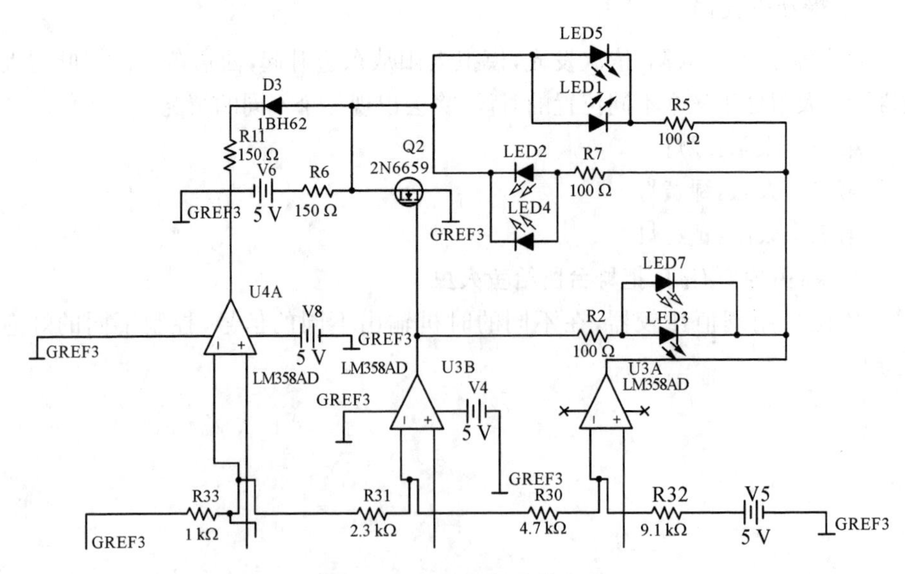

图 4-5-4　太阳部分的实现

(1) 第一个太阳(LED2、LED4)

1～0.4 V 时:A:0 V　B:3.5 V　C:3.5 V

Q2 栅极为高电平,三极管导通,R6 分了 V5 大部分压降,LED1、LED5 不导通,而 LED3、LED7 两侧几乎无电势差,不导通,有且只有 LED2、LED4 导通。

(2) 第二个太阳(LED3、LED7)

0.4～0.18 V 时:A:0 V　B:3.5 V　C:0 V

Q2 栅极为高电平,三极管导通,R6 分了 V5 大部分压降,LED1、LED5 不导通,而 LED2、LED4 两侧几乎无电势差,不导通,有且只有 LED3、LED7 导通。

(3) 第三个太阳(LED1、LED5)

0.18～0.05 V 时:A:0 V　B:0 V　C:0 V

Q2 栅极为低电平,三极管不导通 LED1、LED5 分到 V5 电压导通,其余 LED 几乎无电势差不导通。

(4) 全部熄灭

0.05～0 V 时:A:3.5 V　B:0 V　C:0 V

Q2 栅极为低电平,三极管不导通,考虑临界情况,若二极管未导通,我们分析可以看出二极管 D3 两侧电势大约都是 3.5 V,二极管导通,二极管之路分到大部分电压,LED1、LED5 分到电压不足不导通,其余 LED 几乎无电势差不导通。

树叶部分:

(1) 绿色的树叶——绿灯

Q12 下面接了 B 号 LM358,于是由图 4-5-5 可得:

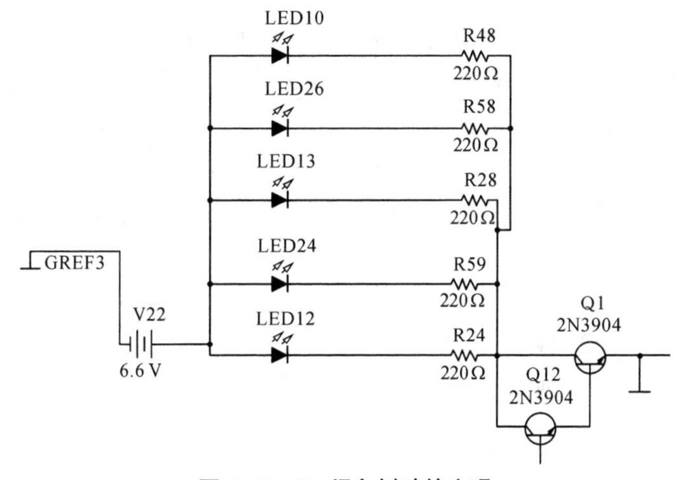

图 4-5-5　绿色树叶的实现

1～0.18 V：3.5 V……(a)

0.18～0 V：0 V……(b)

当(a)时刻，Q12 下面的基极接高电平，Q12 和 Q1 同时打开(达林顿管设计)，电源接通，绿灯亮起。

当(b)时刻，Q12 下面接低电平，两个 BJT 不导通，绿灯不亮。

(2) 黄色的树叶——黄灯

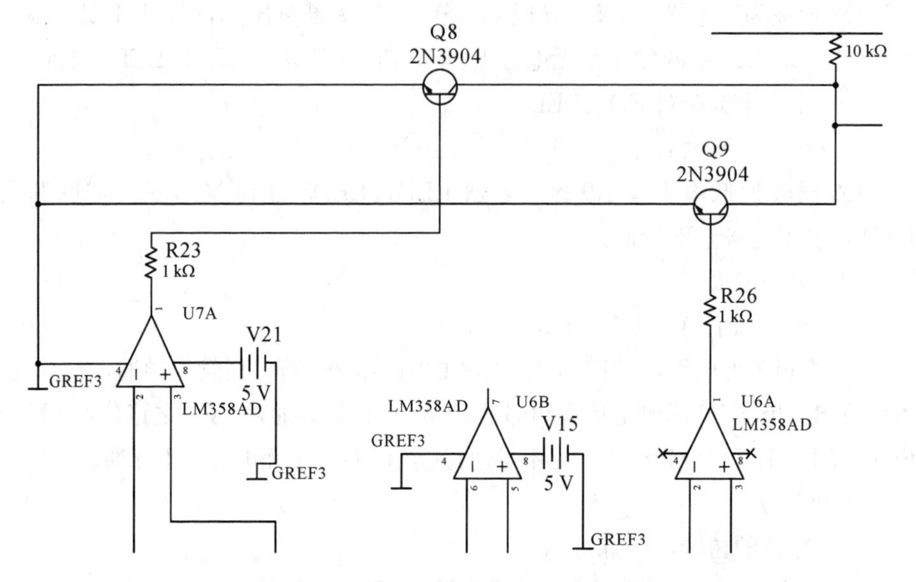

图 4-5-6　黄色树叶的实现——阈值部分

我们在 A 和 C 上面各连接了一个 BJT、Q8、Q9，并将二者的 C 极连在一起。

显然，A、C 随便一个输出高电平，此时二者连接部分就会被导通。那么我们在上面再加入如图 4-5-7 所示模块。

此时，只要 Q8、Q9 任意一个导通，在高阻值的 R25 的作用下，Q7 的基极电压就极小，无法导通 Q7。只要二者都不导通，此时 Q7 处的电压就足够导通，然后驱动后面的灯泡。

1～0.4 V：Q9 导通，Q7 不导通，黄灯不亮

0.4～0.05 V：Q7 导通，黄灯亮

0.05～0 V：Q8 导通，Q7 不导通，黄灯不亮

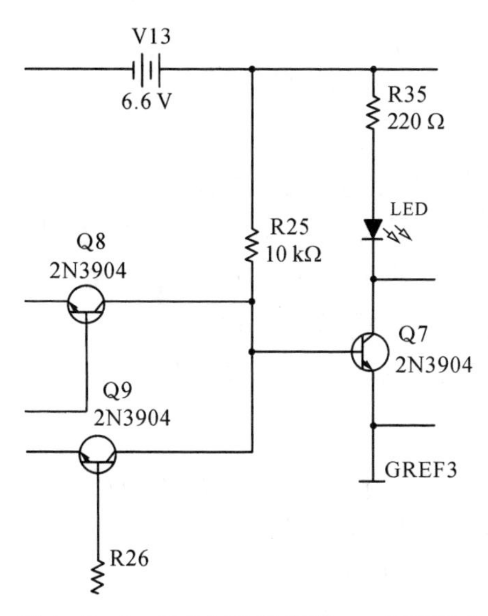

图 4－5－7　黄色树叶的实现——灯控部分

(3) 红灯

和黄灯是差不多的构造,只不过连接的 LM358 是 A、B。

1～0.18 V:红灯不亮

0.18～0.05 V:红灯亮

综上,可以写出一张表格:

	绿灯	黄灯	红灯	太阳
1～0.4 V	√	×	×	LED2、LED4
0.4～0.18 V	√	√	×	LED3、LED7
0.18～0.05 V	×	√	√	LED1、LED5
0.05～0 V	×	×	×	×

至此我们实现了相关功能。

开始调试太阳电路是发现只有一个太阳常亮,我们发现我们三极管走线失误,临时进行了飞线处理,并将 BJT 换成了 MOS 管,发现效果更好。

按常理说,太阳升起落下是一个渐变的过程,但我们的三个太阳转换是突变的,也许使用电容渐变效果可能会更好,但是电容容值有限,我们并未采用。

调节树叶时,除去正常发光的情况,我们可以看到每次转换的时候,灯泡都会闪烁一下(比如绿灯以及最后的时候红黄一起闪烁)。

这里我的思考是因为每次转换高低电平的时候,由于转换的很快,导致我们的电路在变化的时候,BJT 会出现一定程度的开关电容,所以出现了一定程度的闪烁。

这个现象是我们实际拼出电路之后才发现的,如果要改进,我应该会在 BJT 的基极那边并联一个电容,让电容充电,从而在每次变化的时刻可以平滑变化,但都是后话了。总体来讲,本电路的设计还是比较令人满意的。唯一的遗憾就是没办法让树叶颜色变化更加平滑(这里本来是打算用电容的,可是放电的电流量比较大,且能储存的电压也比较小,所以没有实现)。

3. 波形发生器

产生高低电平,与萤火虫电路连接,实现闪烁效果。参考课堂学习的正弦波发生器,设计一个频率为 5 Hz 的正弦波发生器(考虑到模拟的是萤火虫闪烁,频率不宜太高),如图 4-5-8 所示。

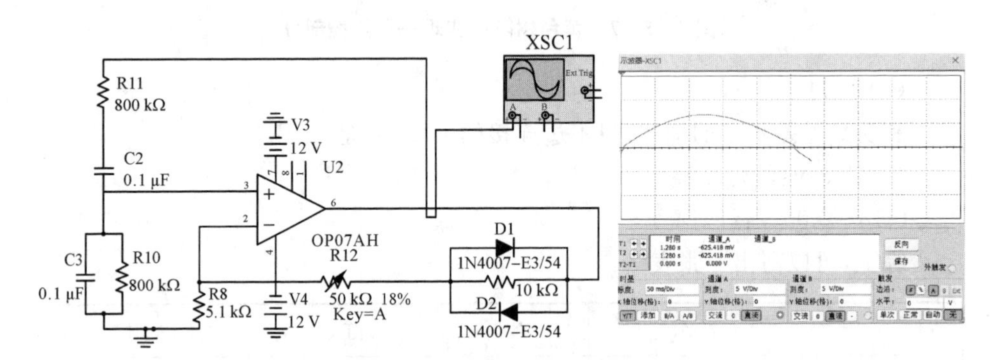

图 4-5-8 波形发生器的实现

按照此原理图设计出来的 PCB 板并不能输出如仿真所示的正弦波波形,经过不断测试,将 C2 短路,将 R10 换为一个较小的电阻,终于输出了有高低电平的信号。

但是由于二极管在一个周期内,在导通、截止之间不断变化,所以输出的"正弦波"的质量并不好,电路非线性造成的谐波失真较大。并且我们希望得到一个频率较小的波形,更增加了参数选取的难度,最终权衡之下,我们选用了 7 Hz 的方波信号。

理想和现实总是有一定差距,尽管在仿真上运行成功,成功得到了理想的波形。但是在实际测试中小小的一个波形发生器也问题百出。需要考虑能否起振,在选择合适的频率后又不至于电容充放电的实际过快、过慢等等。

三、PCB 板的设计和制作

1. 树叶模块 PCB

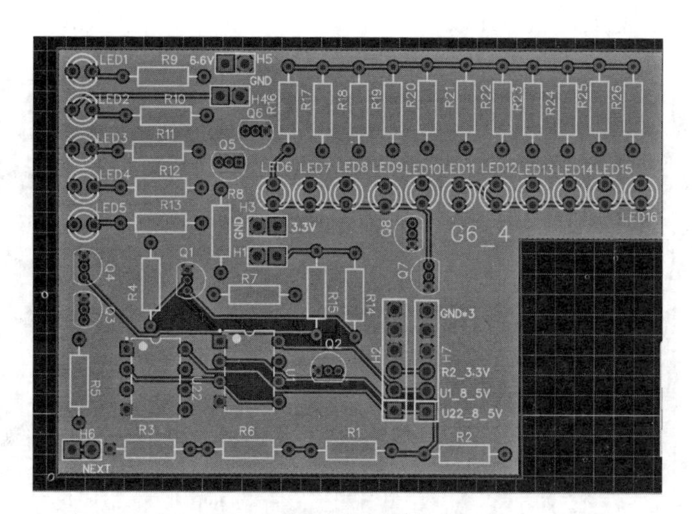

图 4－5－9　树叶模块 PCB

为了节省空间，PCB 板绘制比较紧凑，但后期反思元件过密增加了焊接难度。利用排针实现统一供电，方便管理。考虑美观，LED 灯统一排布，后续用电线引出挂于树上。

2. 萤火虫模块 PCB

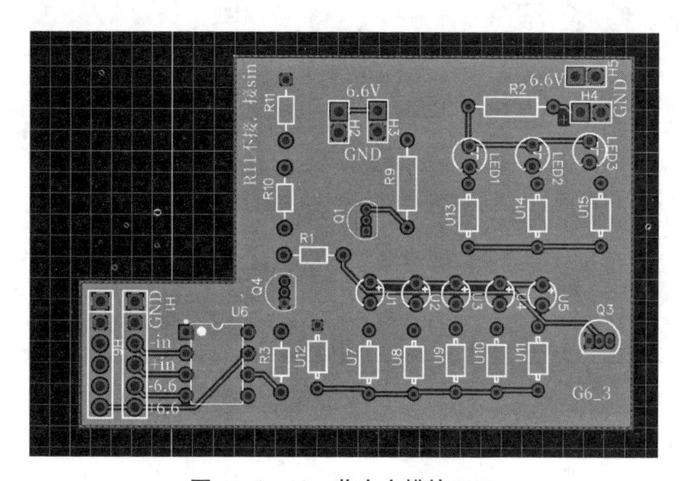

图 4－5－10　萤火虫模块 PCB

整体上采用的是分模块的思路，即把黄灯电路绘制在一片区域，蓝灯电路绘制在一片区域，OP07 及输入输出、电源放在一片区域管理。为了防止 DCR 报错，在接正弦波的端口接电阻，并注明。

3. 正弦波发生器模块 PCB

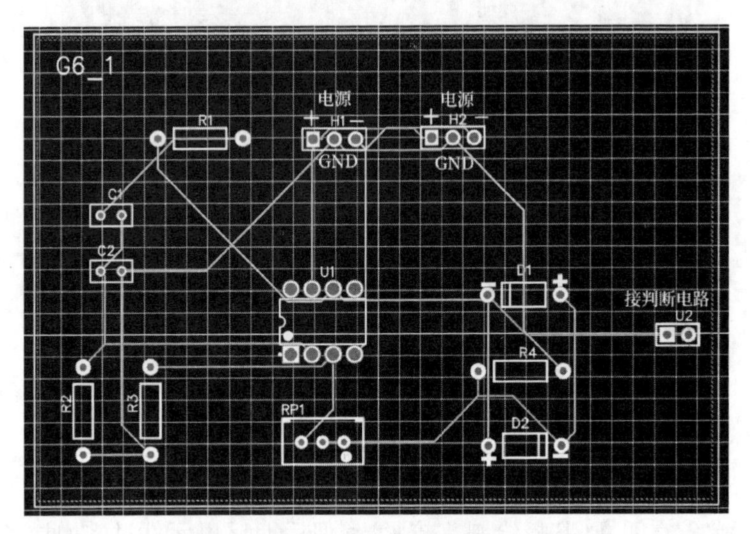

图 4－5－11　正弦波发生器模块 PCB

4. 光电门-峰值保持器模块 PCB

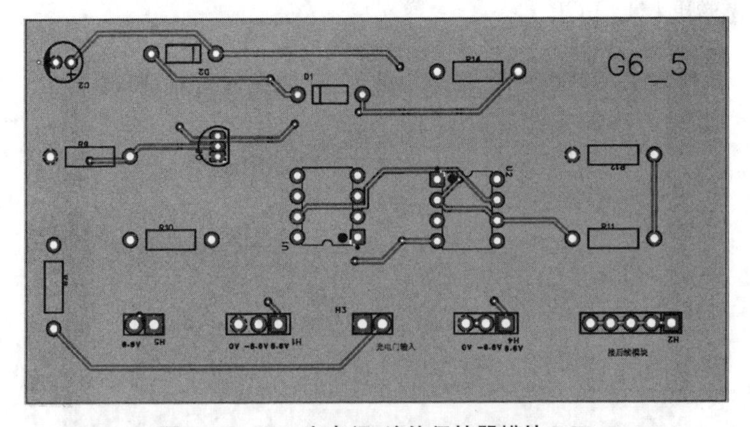

图 4－5－12　光电门-峰值保持器模块 PCB

5. 太阳模块 PCB

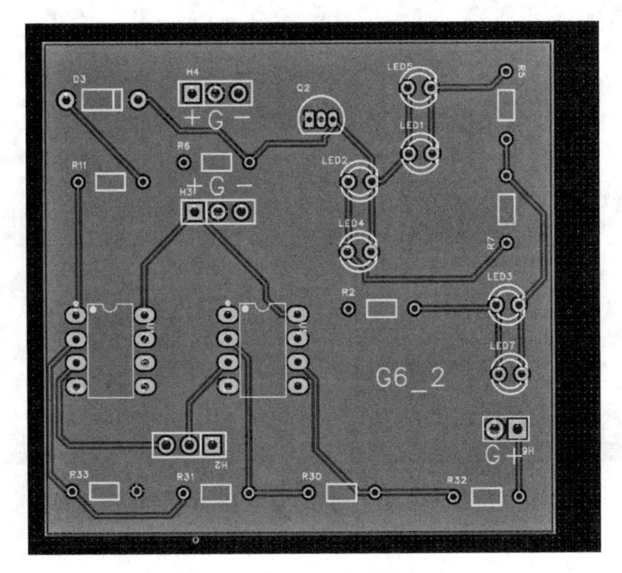

图 4－5－13　太阳模块 PCB

四、实验测试电路

1. 测试萤火虫电路

给 OP07 反向输入 200 mV 直流偏置模拟峰值保持器输出 0 V 电压，与 R10 相连的 2N3904 截止，与发光二极管相连的 2N3904 导通，峰峰值为 3 V，频率为 7.5 Hz 的方波发生器信号和 3.4 V 直流电压作用于发光二极管电路，蓝灯和黄灯正常闪烁。

2. 测试波形发生器

经过不断调整，输出稳定的频率为 7 Hz 的方波，虽然和设计初衷希望产生正弦波有所出入，但并不影响功能的实现。

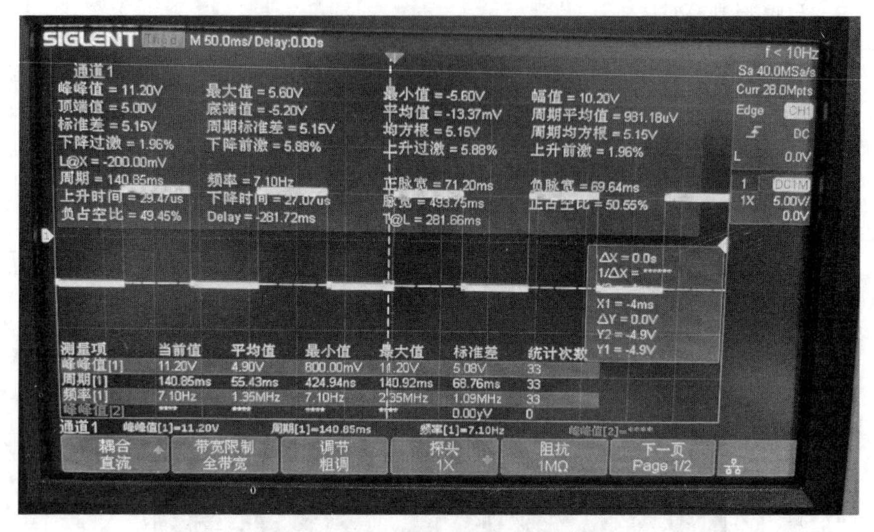

图 4-5-14　波形发生器测试结果

3. 测试树叶

我们在输入端输入 1 V、300 mV、150 mV 和 100 mV 的电压，然后测试每个 358 运放输出的电压，确定电路逻辑的正常工作。

接着我们会观察灯泡是否亮，起然后去测量灯泡两端的电压，一般来讲都要来到 2 V 左右才能亮起。

但在测试的过程中，我们注意到，第一个 LED 一直不会亮，因为它左边的电压值一直处于 2 V 左右，而右端的电压在 3.5 V 左右，所以无法驱动。正常来讲，在场效应管打开的时候，我们理论上希望它的漏极电压(也就是 LED 左端电压)是比较低的，可是结果却不是。

后来我们在老师的建议下增加了 LED 的保护电阻，从而使得灯泡正常亮起。

在测试的阶段，我们可以明显看到树叶的颜色变化。

4. 测试峰值保持器

由于所买的光电门模块没有很好的带负载功能，我们把原理图中分压的 5 kΩ 的电阻换成 1 kΩ 的电阻使 2N3904 正常工作实现非门功能，并且现实中大部分电阻都与仿真的电阻阻值有一些出入，导致实际输出的电压在各个时间段都与理想中有所误差，通过计算，我们将 200 kΩ 的电阻与 22 μF 的电容进行并联，终于输出了 15 s 的递减电压。

5. 测试太阳

测试时，我们开始在运放输入端使用一串分压电阻阻值为：1 kΩ、2 kΩ、3 kΩ、27 kΩ，经测试发现，LED 分得电压过低导致不发光，我们重新测试计算后将阻值调为：1 kΩ、2.3 kΩ、4.7 kΩ、9.1 kΩ。

在测试时，我们发现 MOS 管一直没有导通，后来发现我们走线时忘记将栅极与主电路连接，临时进行飞线处理。

然后我们使用信号发生器输入 400 mV、180 mV、50 mV 的阈值电压进行调试，同时与峰值保持器递减电压衰减时间匹配观察效果，实现太阳东升西落。

五、实验总结与经验分享

在此次大实验的起步、探索与完善过程中，我们小组还是出现了不少状况，遇到了不少困难的。首先其实“秘密花园”计划并非我们一开始选定的项目，在第一堂课中我们头脑风暴一小时得到的“我不是麻瓜”项目由于部分功能难以实现，机械装置比重过高以及和别的小组有元素重合等问题被我们在三天内“毙掉”，重新规划出画风完全不同的“秘密花园”计划作为第二周的方案预览。这意味着我们的初始进度会比别人稍慢一些，但经过我们的集思广益，齐心协力，我们的进程得以加快且稳步进行。

实验过程中最先面临的一大困难就是我们对于低频正弦波发生器的设计，尽管已经在此前的研究性实验中学到了相关的设计方法，且在仿真当中也颇为顺利地达到预期，但是大电容的选取实在给现实情况带来了棘手的阻碍。我们第一块正弦波发生器的板子焊完后用示波器测试时发现完全没办法将频率降到我们想要的 5 Hz，而最低 15 Hz 的频率使人眼无法观察到灯的闪烁。无奈之下，我们选用了 7 Hz 的方波信号作为替代，最终得到的效果也还不错。而至于 PCB 板虚焊或短接，拿到的元件与设定有偏差，PCB 板走线出错紧急重新打板，电池无法正常工作，模块无法工作芯片却发烫，导线过长、过多导致缠成一团，几根导线因受力频繁断掉等等的问题更是层出不穷，不过我们都始终保有耐心与冷静，将大大小小的插曲都一一解决，为实验的完成度竭尽全力。

综合实验是检验我们对此前接触过的实验和在教材中所学知识的掌握、理解和运用的有效手段，同时也是对我们的创造力、合作能力、动手能力、抗压能力、变通能力等综合素养的强化训练。我们经历的实验过程确实也不仅仅是在和电路死磕，如何减少元器件和道具购买的成本，如何设计出足够有视觉效果的场景模型，如何合理地将电路板之间的连接处理得更有序、规整等都是我们需要考虑到的问题。印象最深的是有一节课正好在六一，而我们为搭建场景准备的材料都十分有儿童节的氛围，我们就十分愉快地在那个下午进行了好似“工艺人文”课一样的手工制作，但最后这同样变成了令我们苦恼的对象。我们为了更完美地呈现出令人舒服的场景模型，在将电路板自然地融入手工制品的包围上下了很大功夫，但最终效果让我们觉得这些辛苦都是值得的。

总而言之，能够进入 SPOC 得到这样一种机会去体验这样类似全国大学生电子竞赛过程的小组实验还是非常有价值的，经过无数次在焊接时被烫到，无数次加班进出实验室，无数个为之担心的日日夜夜后，终于能够呈现出我们的宝贝成果是一件很有成就感和纪念意义的事。同时也非常感谢老师沟通时提出的有效建议以及各组之间的思维碰撞，我们在这样的环境中，相互交流、互帮互助、共同进步，才得以把我们整体的魔法火车小镇完成得那么惊艳。

实验点评

该小组同学通过峰值保持器输出从 1 V 逐渐下降到 0 V 的电压，并用比较器来判断这个下降过程中的不同阶段来模拟白天太阳分别在东边、正中、和西边的情况并控制相应的灯闪烁，构思巧妙，设计独特。

通过电路灯光的闪烁来模拟大自然的日出日落、夜晚萤火虫的梦幻场景，给电路又带来了一丝浪漫气息。同学们能在这个过程中，不断试错，越挫越勇，在一次次失败中，砥砺前行，最终抵达终点。对同学们来说这是一次难以忘怀的经历，希望同学们在今后的学习道路中能继续保持这一份初心勇敢前行。

案例4.6　欢迎来到拉斯维加斯

一、实验构思

【微信扫码】

小车到来的时候，会挡住光线，红外线光电开关向由NE555组成的多谐振荡器输入6 V的电压，NE555的3脚会输出一个脉冲，驱动CD4017计数器芯片工作，10个输出端依次输出高电平，使相连的10个LED轮流亮起，当火车开过去，光电开关停止向NE555电路输出电压，由于电容的存在，幸运转盘不会立即停止，而是会降低转速，最终随机停留在一路，使该路LED常亮，CD4017端口输出的5 V电压通过电压转换电路给后继的人物立牌电路输出电压，使人物立牌电路的LED灯亮起。此外，我们还设置了一个流水灯频闪大门电路，大门上设计流水灯，也作为红外线光电开关的支架，检测小车是否到来。

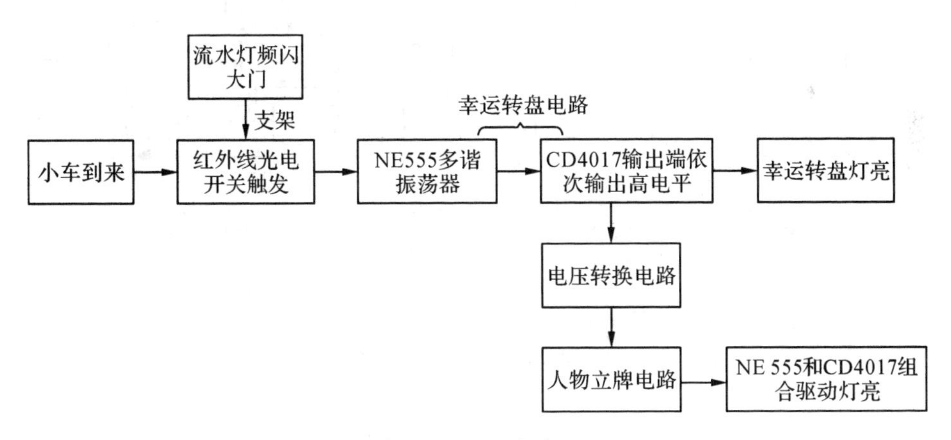

图4-6-1　方案图

二、实验内容

1. 幸运转盘电路的实现

幸运转盘由一对射式红外线光电感应器作为开关，该开关为常开式，无物体遮挡时处于断开状态，有物体遮挡时向幸运转盘电路输入一高电平，驱使其工作。仿真时，光电开关由一按键开关替代。在CD4017的14脚接上一个脉冲产生器——用定时器集成电路555设计而成的无稳态多谐振荡器。当按下开关时，C1会实时充电，NE555开始振荡，在第3脚输出方波脉冲。当按钮式开关放开后，C1会经R1放电，其电压徐徐下降。在一定的时间后，NE555停止振荡，第3脚停止输出方波脉冲。NE555在起动时，第3脚输出约等于电源电压的高位电压，当C2电压升至2/3电源电压时，经第6脚触发内部的电压比较器，令第3脚变为接近零的低电位。之后C2经R2放电，当C2电压下降至1/3电源电压时，经第二脚触发内部另一个电压比较器，使第3脚变回高输出电位，再次重复向C2充电。结果C2不停地经R2充电和放电，NE555第3脚不停地输出方型脉冲波。

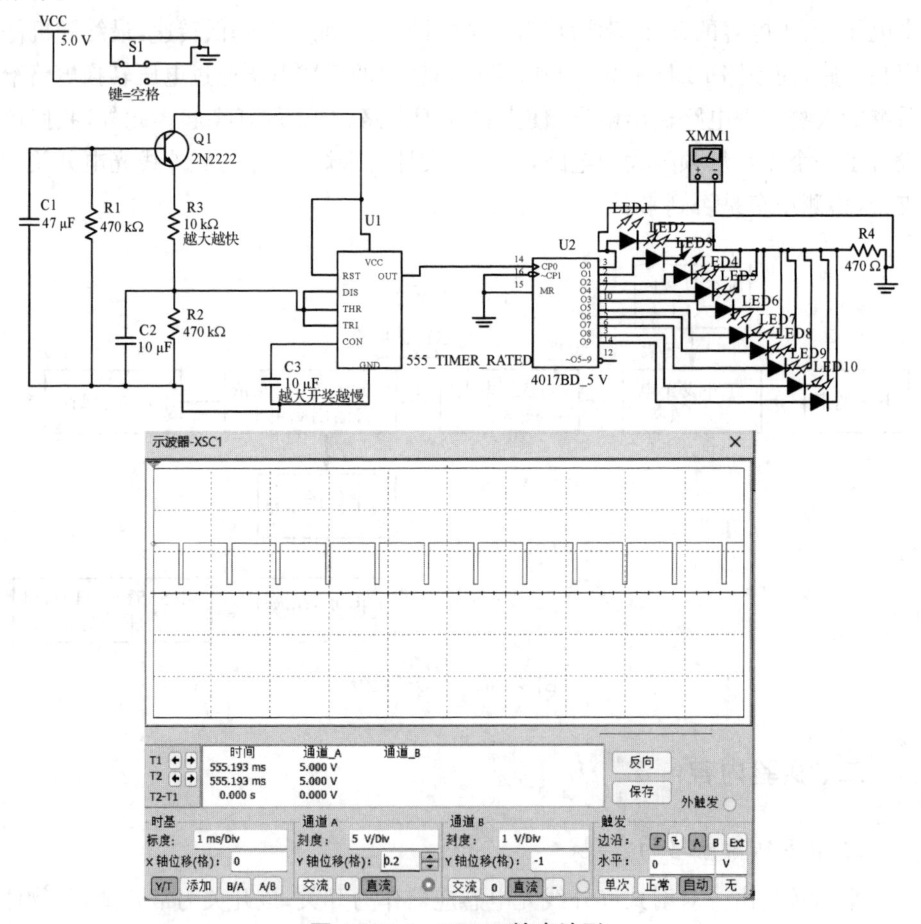

图4-6-2　NE555输出波形

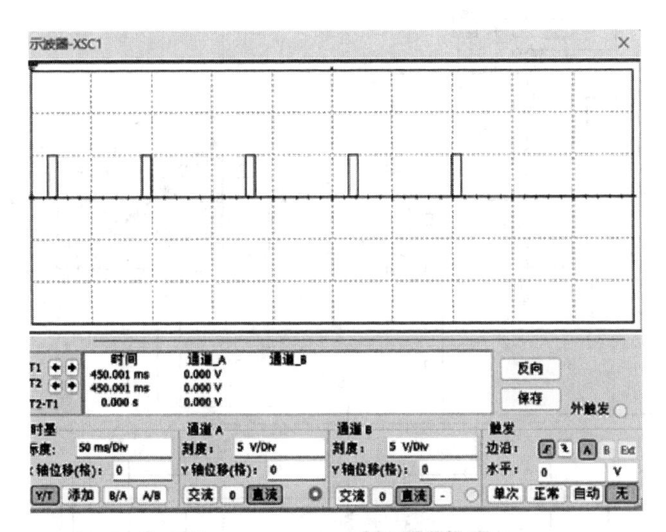

图 4-6-3　CD4017 输出波形

2. 电压转换电路的实现

电压转换电路利用 BJT 三极管工作在饱和区的输出特性，通过调整电阻保证 BJT 工作状态，同时利用并联电容的方式消除脉冲，并起到一定延时效果。电压转换电路还可以将幸运转盘电路和后面的人物立牌电路隔绝开，起到一定隔离效果，排除一定干扰。

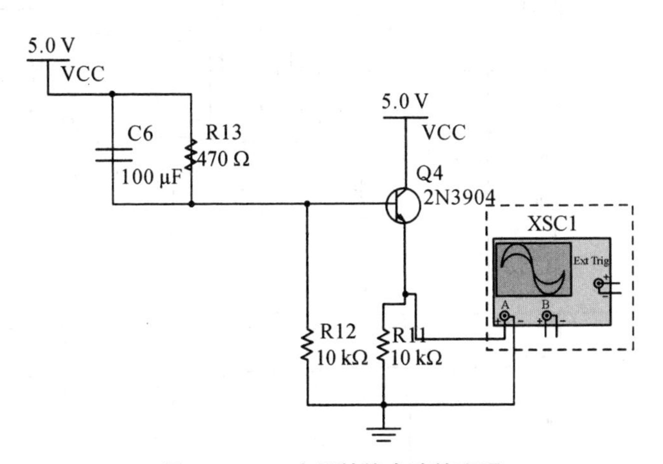

图 4-6-4　电压转换电路的实现

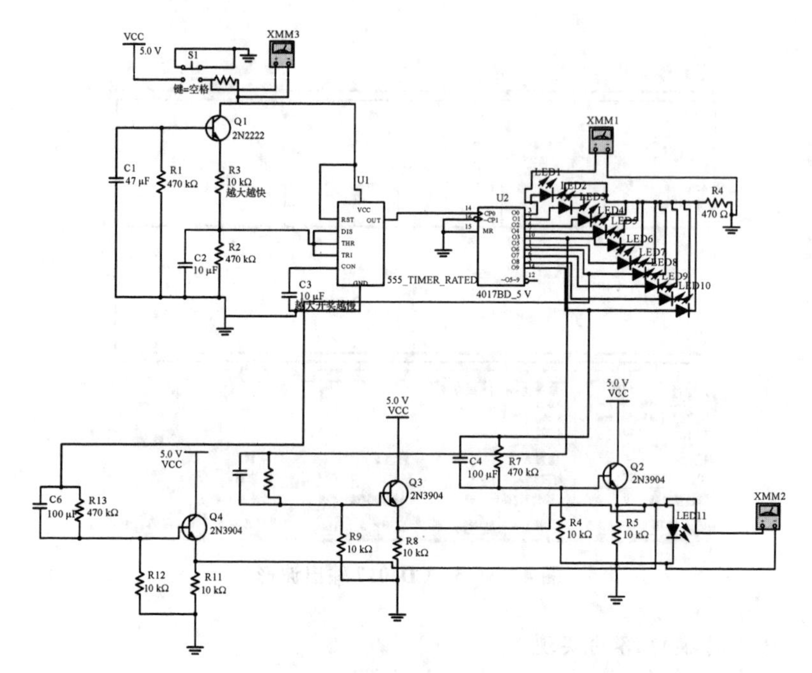

图 4-6-5　幸运转盘电路与(3 路)电压转换电路

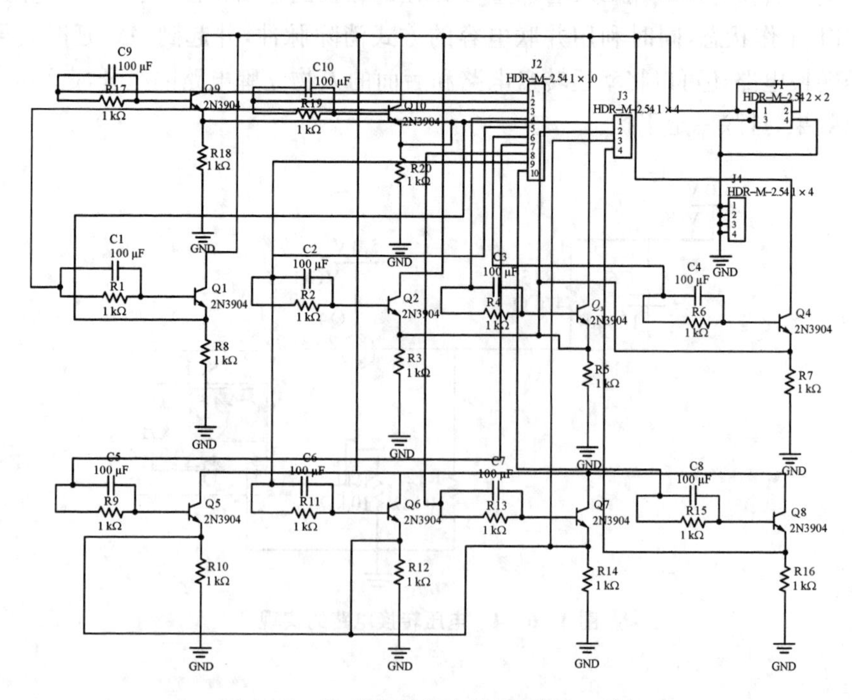

图 4-6-6　电压转换电路原理图(10 路)

3. 人物立牌电路

NE555 时基电路组成振荡电路，电压转换电路输入电压（当作 V_{CC}）时，C2 充电，充到一定程度后，2、6 脚电压升高，当其电压升高到大于 $2/3V_{CC}$时，NE555 的 3 脚输出低电平，7 脚对地呈低阻态，此时 C2 通过电阻和 7 脚放电，当放电至 2、6 脚电压低于 $1/3V_{CC}$时，3 脚输出高电平，电容 C2 又被充电，周而复始。从 3 脚输出的振荡脉冲作为 CD4017 工作的时钟脉冲，在时钟脉冲作用下，CD4017 十进制数开始计数，从 10 个输出端口依次输出高电平，不断循环，10 只 LED 依次被点亮。

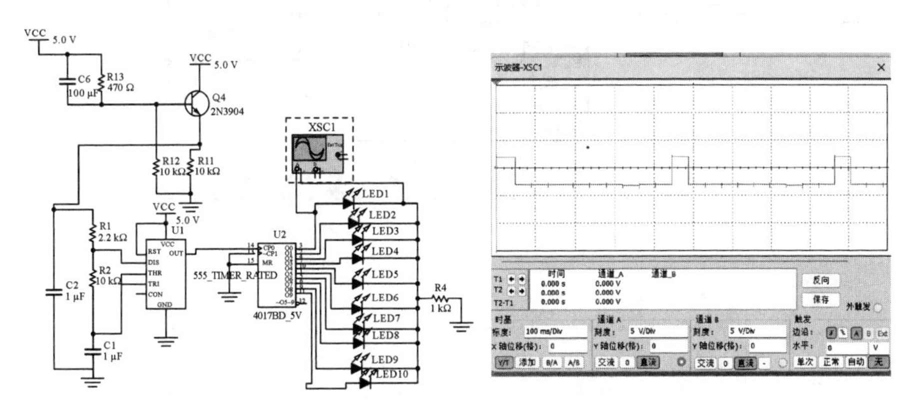

图 4－6－7　人物立牌电路及电压转换电路仿真

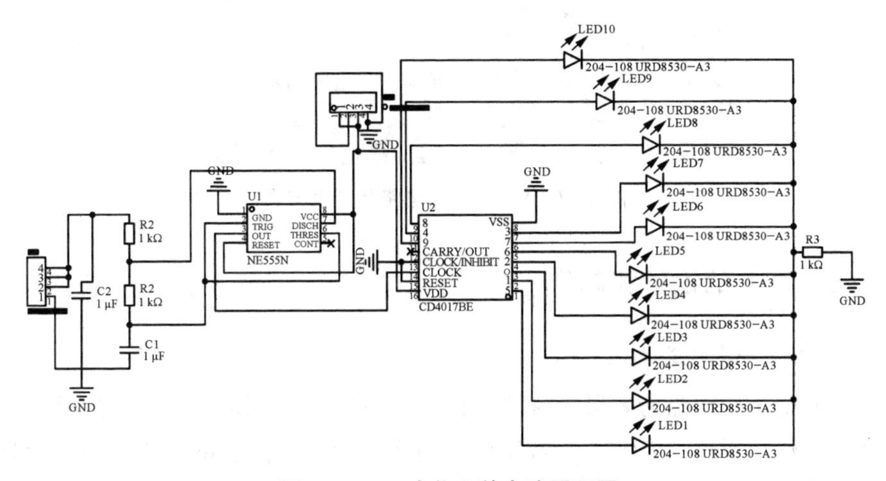

图 4－6－8　人物立牌电路原理图

4. 流水灯大门电路

与人物立牌电路原理相似，由仿真图可见 CD4017 持续轮流输出脉冲，一个端口每一个周期输出一次。

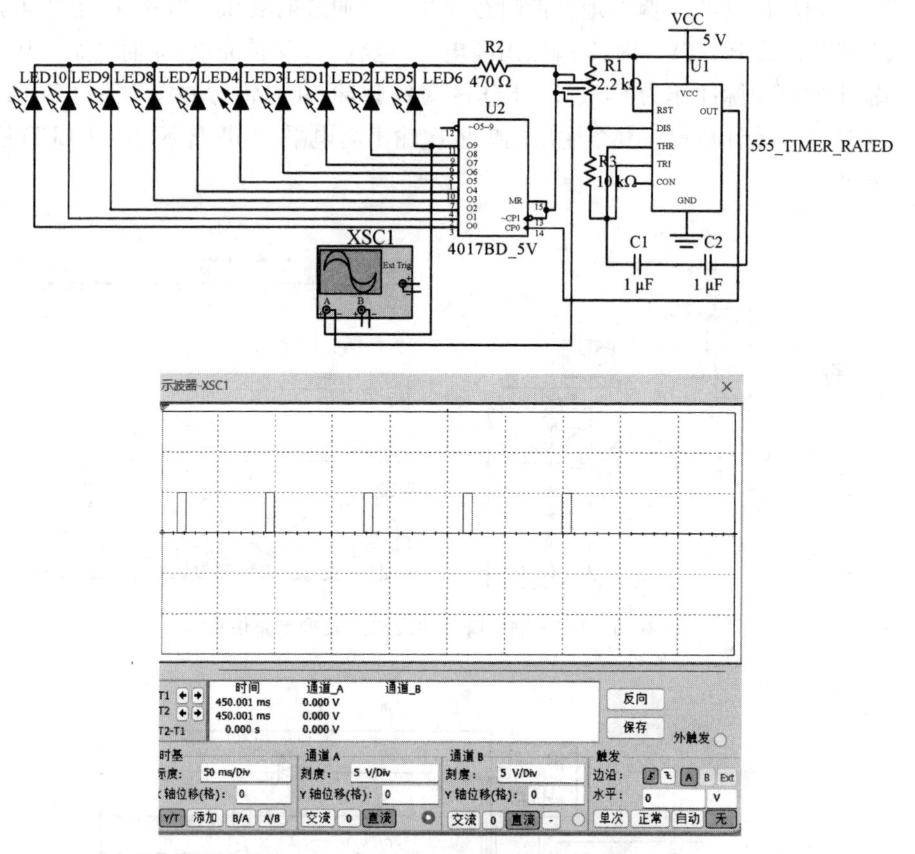

图 4-6-9　流水灯电路及仿真结果

三、PCB 的设计和制作

1. 幸运转盘电路的 PCB

为营造滚珠赌盘的效果，选择绘制直径为 15 cm 的圆形异形板，并利用丝印在板子上绘出黑白间隔及大小数字以模仿实际赌盘。在电路元件排列放置时，注意考虑 CD4017 的输出脚输出顺序（输出顺序与输出脚的引脚编号不对应），按顺时针排列 LED。采用双电源供电，5 V 供给 NE555 定时芯片，6 V 供给光电开关信号接收端。电源接口使用双排排针以便连接电源模块，同时避免电源供给方面的问题导致需要飞线，LED 阳极输出端口预留共地接口。将所有排针集中到无 LED 灯的下部，方便接线与检修。

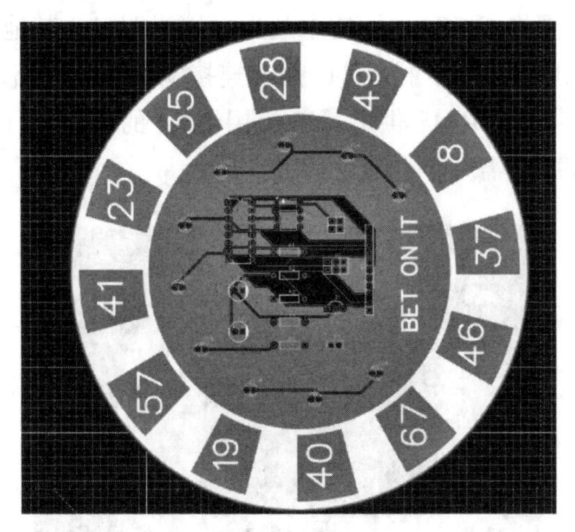

图 4－6－10　幸运转盘 PCB

2. 电压转换电路的 PCB

将数个与门集成在小尺寸 PCB 板上，用排针来传输信号，INPUT 口设置在 PCB 板上端，便于与幸运转盘相连，OUTPUT 口以及地端设置在下方，方便人物立牌相连，排列紧凑，更加灵活。

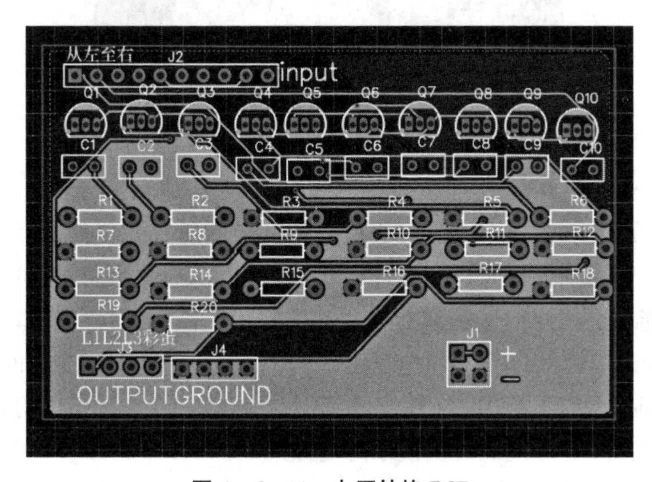

图 4－6－11　电压转换 PCB

3. 人物立牌电路的 PCB

由于人物立牌外贴的人物牌选取了扑克牌上的图案，所以人物立牌 PCB 尺寸控制相对较小，更加美观且合适。把 LED 灯排布在 PCB 板顶端，且有一定弧度，便于贴合人物图像，利于展示，流水效果也更为明显。其他器件排布在靠近下方，方便用人物牌遮挡住。排针 H5 用于连接电压转换电路，排针 H6 用于外接电源，给 NE555 和 CD4017 供电，H6 使用 1×4 的排针，两两相连，这样多个人物立牌采取并联，只需一个电池盒即可供电。

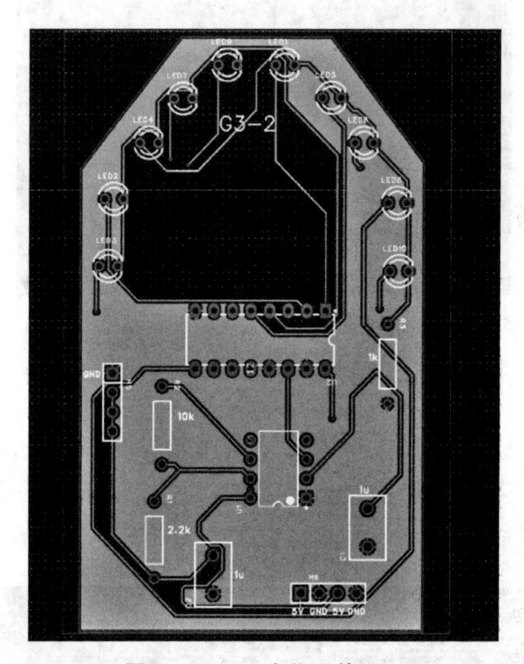

图 4-6-12　人物立牌 PCB

4. 流水灯大门电路的 PCB

因为要在大门的左右两侧排列灯珠，把其余的所有元器件放在了大门的上方，这样也便于后期焊接时，将 LED 灯珠焊的高于其他的元件，这样就可以方便后期装饰，能够更方便地把暴露在外的元器件用装饰物挡住。选择使用一个电源同时给 NE555 和 CD4017 供电，运用 1×4 排针将两片焊接好的大门连接。在放置灯泡时，考虑了 CD4017 输出的管脚顺序，能够让大门上的灯珠按顺时针的顺序依次亮起，更好地展现出流水灯的效果。

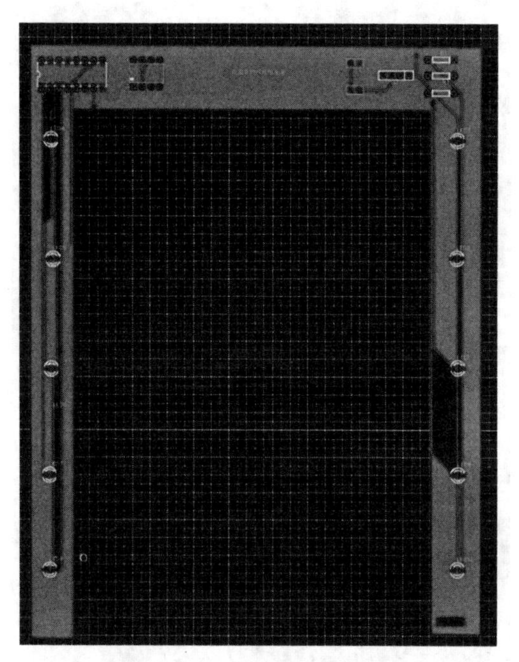

图 4-6-13　流水灯大门 PCB

四、实验测试与结果

1. 测试光电开关

测试红外线常开式光电开关是否能正常工作，来给幸运转盘输入正确电压值。

当两个对射端口无物体遮挡对射时，测得其输出端口电压为 0 V；当有物体遮挡不能光线对射时，测得输出端口电压 6 V。红外线光电开关可以正常使用。

2. 测试幸运转盘

测试芯片是否能正常供电，测试三极管能不能正常导通，测试当红外光电开关输入 6 V 电压信号时，NE555 的 3 脚输出波形和 CD4017 输出端的波形，判断是否能正常工作。

芯片供电正常。当红外光电开关输入电压时，NE555 波形正常，间断性输出高电平，CD4017 的输出端口每隔一个周期输出一次脉冲，波形正常。用双踪示波测量 CD4017 的两不同端口，其脉冲输出有相位差，说明是依次输出，可实现 LED 依次亮起。

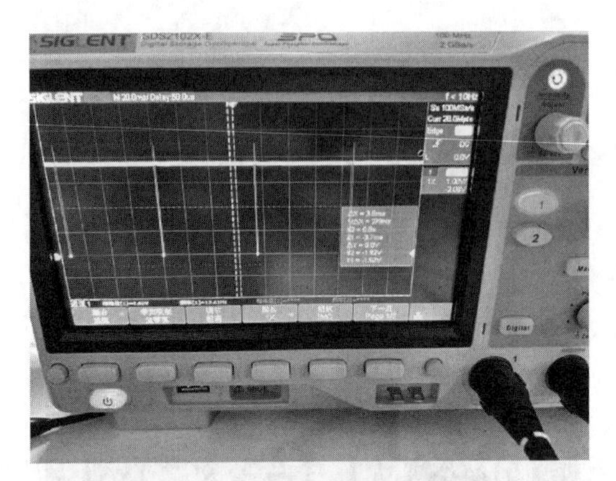

图 4-6-14　NE555 的 OUT 脚

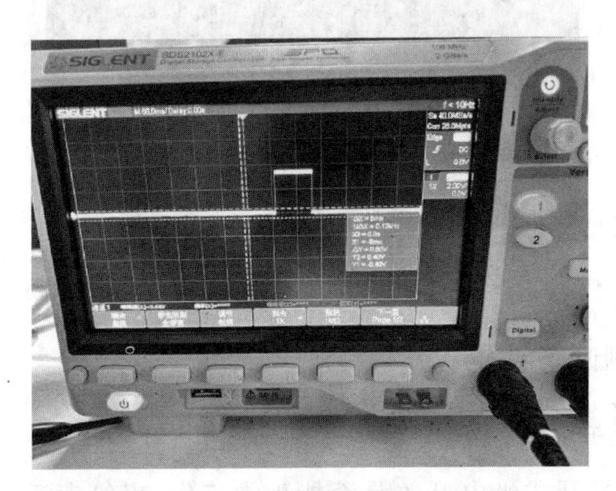

图 4-6-15　CD4017 的输出端口

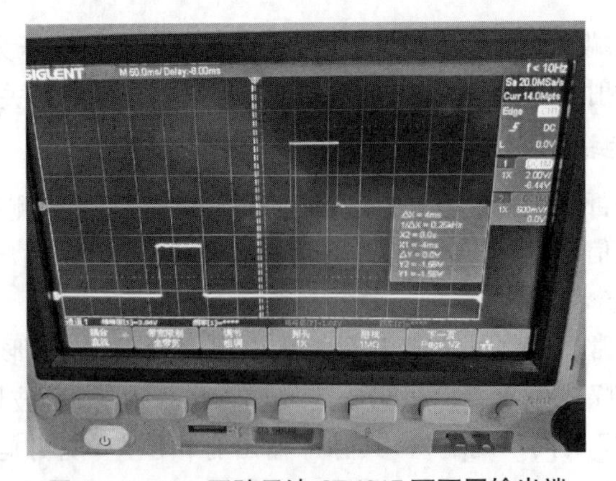

图 4-6-16　双踪示波 CD4017 两不同输出端

3. 测试电压转换电路

测试三极管能不能正常导通，由于 3 个 INPUT 端口对应一个 OUTPUT 端口，测试不同 INPUT 端口输入电压时，OUTPUT 端口输出是否正确。

外接 4.5 V 电压源连接 10 个并联的三极管，三极管均能正常导通，向对应同一个 OUTPUT 端口的 3 个 INPUT 端口输入 5 V 电压时，对应的 OUTPUT 端口都能输出约 3.56 V 电压，向每个 INPUT 口输入时，输出都正确。

4. 测试人物立牌电路

测试外接电池时芯片供电是否正常，测试外接电源 1×4 的排针是否成功两两并联，测试输入 3.56 V 外加电压时，NE555 的 3 脚输出以及 CD4017 的输出。

芯片正常供电，第一个 PCB 板的 1×4 排针前两个接电池盒，后两个连接第二块 PCB，依次类推连接，发现每块 PCB 板都能正常工作，则 H6 排针成功两两并联。H5 排针外接 3.56 V 电压，NE555 及 CD4017 正常工作，LED 轮流亮起。

5. 测试流水灯大门

测试芯片是否正常供电，测试外接 4.5 V 电源时，NE555 及 CD4017 输出是否正确，还需调试实物板子放在场景中是否能够稳定支撑红外线传感器，是否能确保火车正常通过。

芯片的供电电压和 NE555 多谐振荡电路的输入电压共用一个外接电源，外接 4.5 V 电压源时，芯片正常供电，NE555 及 CD4017 输出正常，LED 依次闪烁，大门实现流水灯效果。调整实物支架高度，可以保证红外线光电开关稳定安装在合适位置，火车也可顺利通过大门。

五、实验总结与经验分享

电路板焊接完成后进入验收阶段时，我们发现电压转换电路板因尺寸问题，整体模块耐久较低，为避免出现损坏，我们另焊了一块备用板。通过接入实验室的稳压源测试，并整体连接测试功能，功能是完美实现的。但当我们使用干电池供电时，出现了转盘部分 LED 不亮，以及人物立牌电路无法起振的问题。针对转盘的问题，首先是检查了 LED 的好坏，发现单独通电都可以亮起，更改供电的电源电压也没有解决问题，我们猜测可能是因为电路板焊点与外界的绝缘性不好，尝试对电路板背面进行了绝缘处理，LED 功能恢复了正常。对于人物立牌不起振的问题，我们首先测量了转盘 LED 阳极输出到电压转换模块的电压，发现低于仿真所得的电压转换电路的输出电压，人物立牌所得电压不足以起振。

后来尝试提高转盘的信号电压及芯片供电电压，人物立牌功能正常，我们认为与干电池供电电压不足及不稳有关。

我们实验功能依然存在一些缺陷：① 大门的流水灯流动效果不明显，电容及电阻组合需要调整。② 转盘起先设计的光电门信号停止后 LED 延时停止转动的功能没有实现，只能通过延长光电门信号输入时间来达到预期效果。另外，由于成员均为男生，美化工作不尽如人意，并没有十分惊艳，实际布线也没有做到有序美观。

在设计电路图的过程中，我们借助了网络资源和同学的帮助来一步步完善小组作品，这告诉我们成功的实验从来都不是只顾一个人埋头研究，有时候陷入瓶颈时，我们还可以借助各种可利用资源。在绘制 PCB 和焊接电路板的过程中，小组成员共同努力，各自完成自己负责的模块，让我们认识到个人的能力也是实验成功的重要因素。在调试和装饰电路时，团队的分工合作大大提高了实验的完成效率。总的来说，通过 SPOC 实验课的大实验，我们不断尝试着从课本走向实际应用，体会了由理论向实物过渡的张力，感受了将知识学以致用的成就感，分析问题、解决问题的能力得到了十足的提升，团队协作精神也得以锻炼，我们都认为此次大实验是大一学习生涯里一次不可多得的历练与宝贵经历。

实验点评

该小组方案设计精妙，灵活运用红外线光电传感器和 NE555 定时器，巧妙设计电路控制转盘转动，达到 LED 亮灭的效果，模拟出人物欢迎火车进入小镇的场景。整个方案设计过程中，组员之间集思广益，相互帮助，共同进步，每位成员都投入了极大的热情和万分的努力。在遇到问题时，能够快速排查并解决，理论知识扎实，动手能力强。

尽管该组同学刚接触电路知识，但是他们已经能够熟练应用所学知识，设计电路能力非常强，同学们敢想、敢做、敢于面对问题，本次实验展示效果极佳。

第 5 章

Multisim14 仿真基础教程

【微信扫码】

Multisim14 是一种专门用于电路仿真和设计的软件之一，是 NI 公司下属的 EWB(electronics work bench)推出的以 Windows 为基础的仿真工具，是目前最为流行的 EDA(electronic design automation)软件之一。该软件基于 PC 平台，采用图形操作界面虚拟仿真了一个与实际情况非常相似的电子电路实验工作台，几乎可以完成在实验室进行的所有电子电路实验，已被广泛地应用于电子电路分析、设计、仿真等各项工作中。

一、界面介绍

Multisim 的主要界面如图 5－1－1 所示，分为通用菜单栏、工具栏、元器件栏、仪器栏、项目管理区和电路工作区。

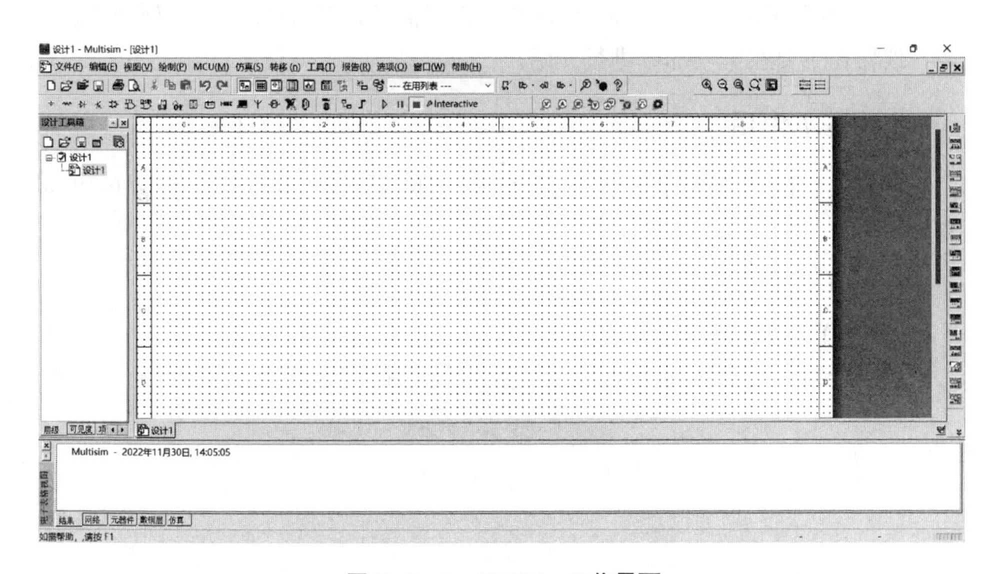

图 5－1－1　Multisim 工作界面

工具栏可以实现新建、打开、保存、打印、剪切、复制、粘贴、设计工具箱等功能。

元器件栏从左到右依次是：电源库、基本元件库、二极管库、晶体管库、模拟元器件库、TTL 元器件库、CMOS 元器件库、其他数字元器件、模数混合元器件库、指示器件库、功率元件库、其他元件库、外设元器件库、RF、电机元件库、NI 元件库、连接器、MCU 元件库、层次块调用库、总线库。

其中电源库包含接地端、直流电源、交流电源、受控电源等多种电源和信号源。

基本元件库包括基本虚拟元件、开关、变压器、Z 负载、继电器、连接器、可编辑的电路图符号、插座、电阻、电容、电感、电位器等多种元件。

二极管库包普通二极管、稳压二极管、发光二极管、单相整流桥、肖特基二极管、晶闸管、双向触发二极管、变容二极管、PIN 二极管等多种器件。

晶体管库包括 NPN 晶体管、PNP 晶体管、带偏置 NPN 型 BJT 管、带偏置 PNP 型 BJT 管、BJT 晶体管阵列、绝缘栅型场效应管、N 沟道耗尽型 MOS 管、N 沟道增强型 MOS 管、P 沟道增强型 MOS 管、N 沟道 JFET、P 沟道 JFET、N 沟道功率 MOSFET、P 沟道功率 MOSFET 等多种器件。

模拟器件库包含虚拟模拟集成电路、运算放大器、诺顿运算放大器、比较器、宽频运算放大器、特殊功能运算放大器等器件。

TTL 器件库包含与、或、非门、各种复合逻辑运算门、触发器等多种器件。

仪器栏主要在第三部分进行介绍。

二、基本使用

下面基于预备实验基尔霍夫定律，给出相关的 Multisim 仿真教程以供参考。

1. 放置电路元件

(1) 放置电阻

点击绘制→元器件，也可以直接放置基本元件。

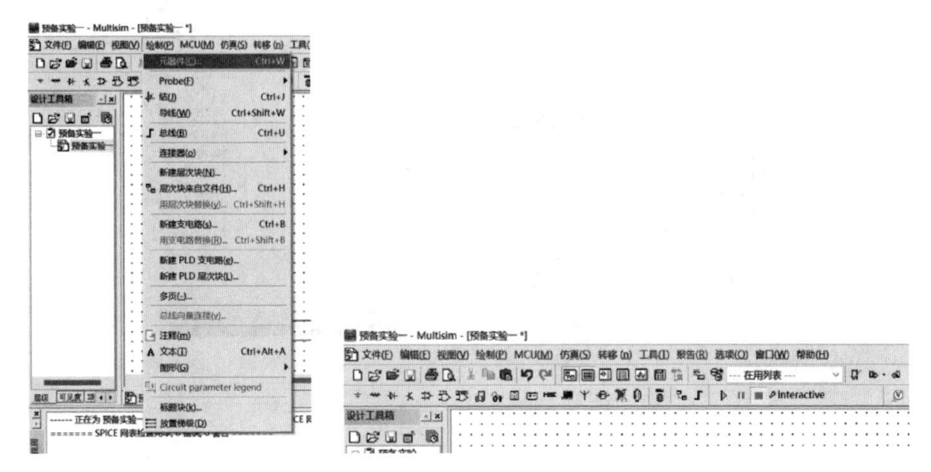

图 5－1－2　Multisim 放置基本元件

这时会出现如图 5－1－3 所示的提示框。选择 RESISTOR，可以在框内输入所需要的阻值。

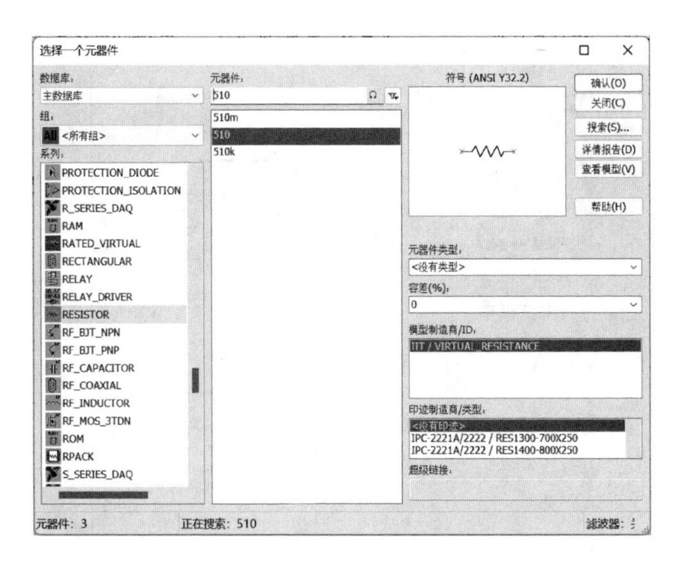

图 5－1－3　放置电阻

（2）放置源

直流稳压电源：在组里选择 Sources→POWER_SOURCES→DC_POWER。

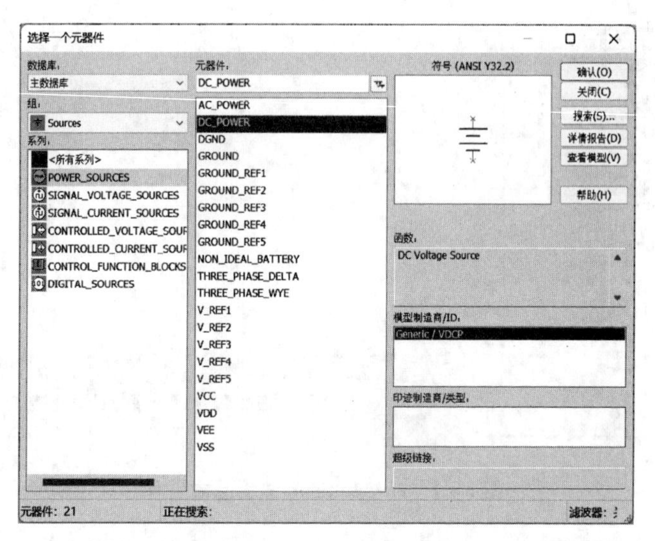

图 5-1-4 放置源

放置后双击该元件,可修改电压值。

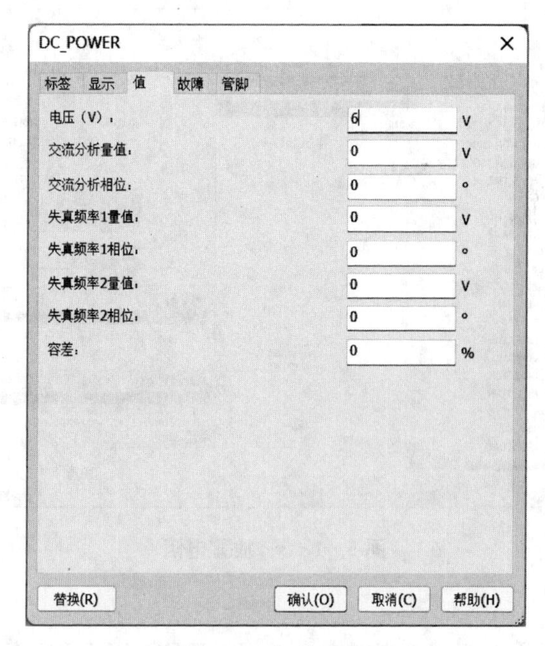

图 5-1-5 修改电压

(3) 放置万用表

选择右边工具栏第一个图标。

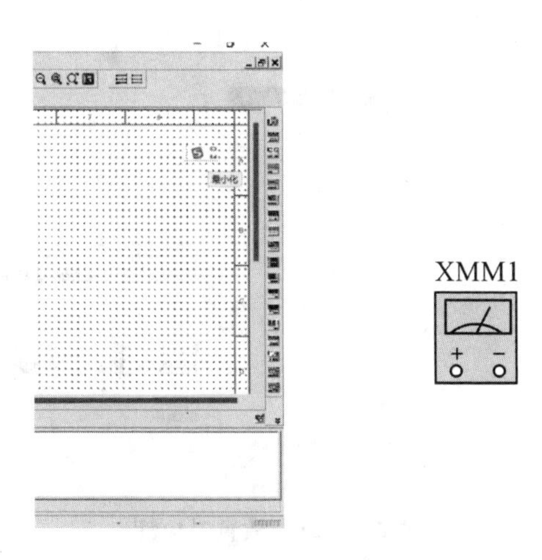

图 5-1-6　放置万用表

双击可以选择测量的内容,电流/电压。

图 5-1-7　设置万用表测量内用

(4) 放置二极管

参照图 5-1-8 所示进行选择。

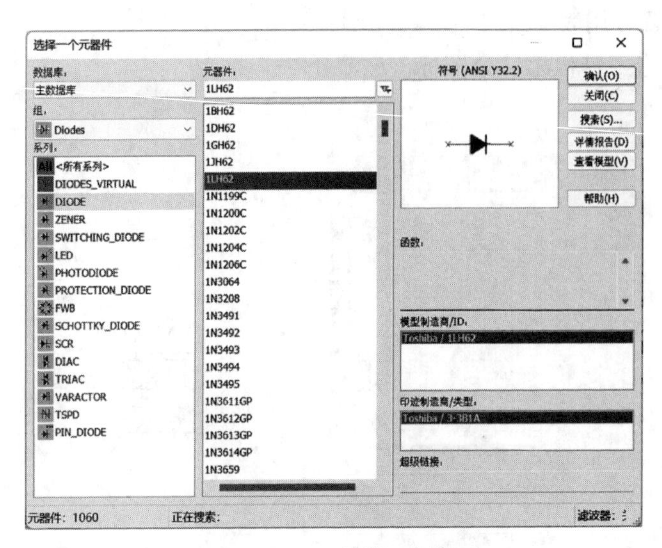

图 5-1-8　放置二极管

2. 电路连接

放置好元件后,可以对电路进行连接。注意测量时将电压表和电流表的正极接至正方向的起始点。

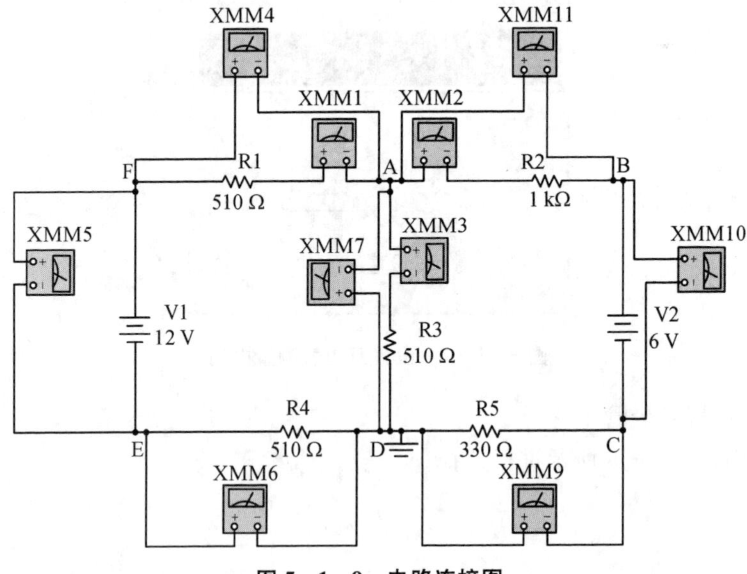

图 5-1-9　电路连接图

3. 执行仿真

点击图 5 - 1 - 10 所示按键运行。

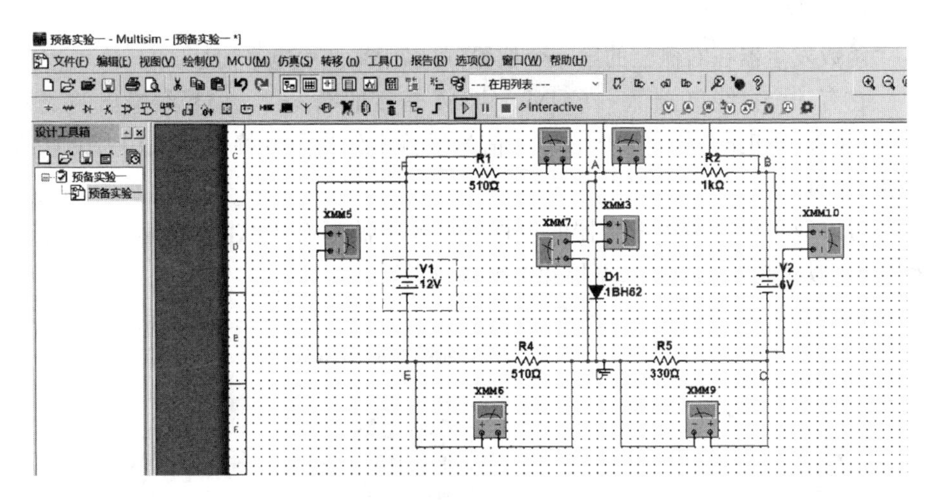

图 5 - 1 - 10　执行仿真

执行仿真后，可以点击万用表查看电压或电流。

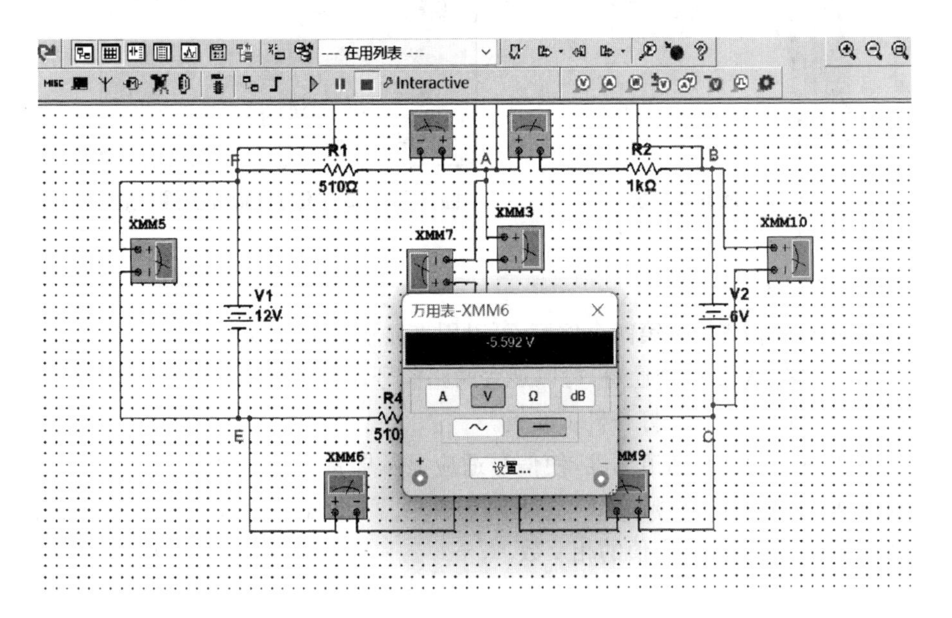

图 5 - 1 - 11　万用表查看

三、其他仪器的使用

1. 波形发生器

函数发生器在右侧栏的第二个位置，可以用来产生电平信号。

它有三个接线口，+/-/COM。COM 是接地端，+/-信号线输出的是相对于 COM 的正向/负向波形，+/-信号线输出信号是峰峰值(V_{PP})，为设置的振幅 V_P的 4 倍。

可以双击设置函数发生器的属性。产生的波形有正弦波、三角波、方波三种，还可以对频率、占空比，振幅和偏置进行设置。

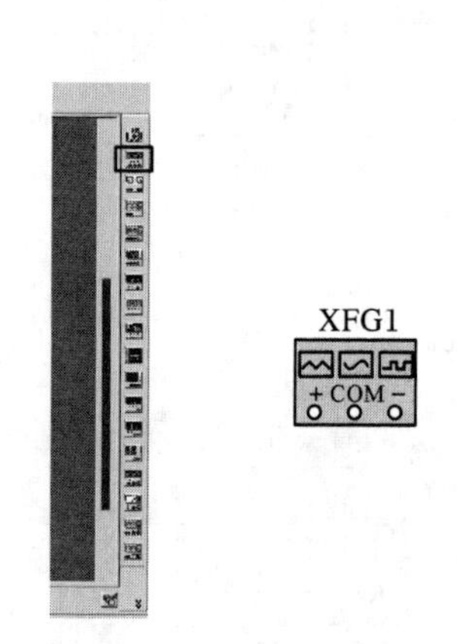

图 5-1-12　放置波形发生器

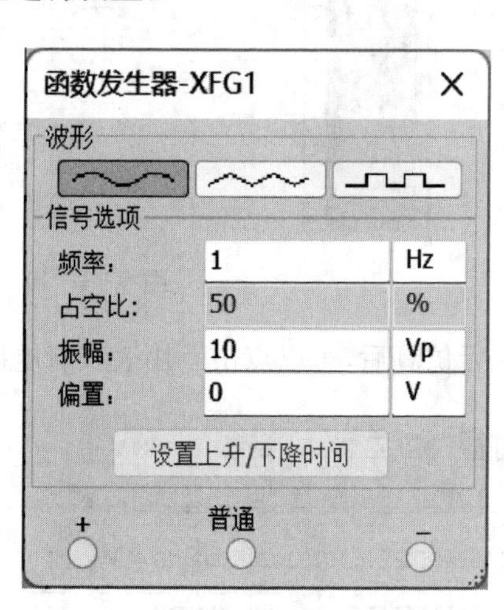

图 5-1-13　设置波形发生器参数

2. 示波器

示波器在右侧栏的第四个位置，可以用来显示信号波形。

示波器有 A、B 两个通道，可以观察两路信号。将通道的两个接口与待测电路并联，执行仿真，双击打开显示面板。

调整时基标度和通道刻度，使信号适应显示屏幕大小。通道的比例下面是选择开关，观察交流信号选 AC，直流信号选 DC，不显示信号选 0，B 通道下面有一个反相开关一，就是原值的相反数。

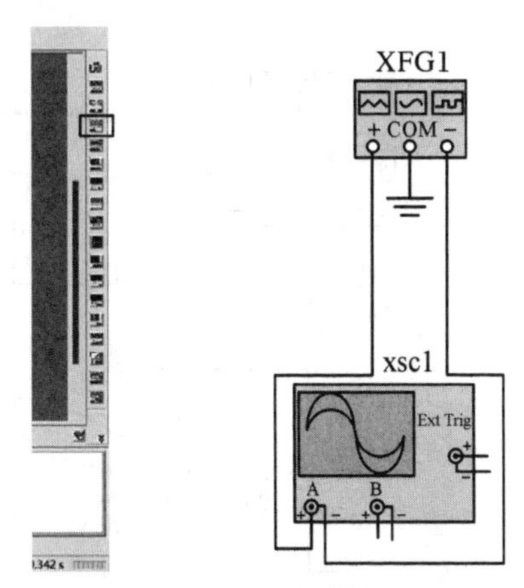

图 5－1－14　放置示波器

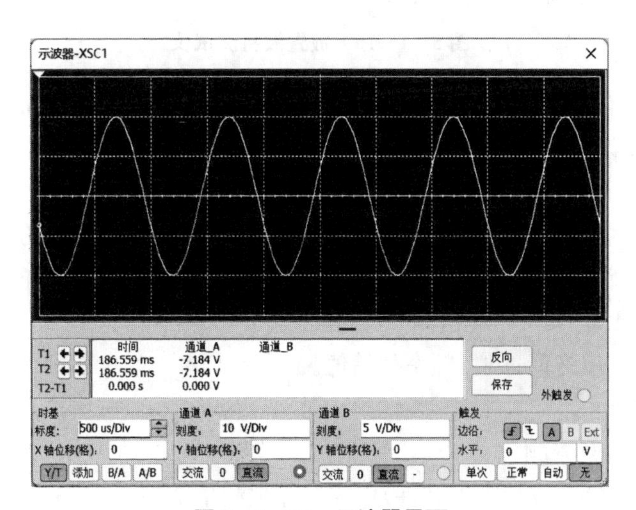

图 5－1－15　示波器界面

3. 波特仪

波特仪在右侧栏的第六个位置，可以用来测量一个电路或系统的幅频特性和相频特性。

波特仪包括四个接线端：IN 是输入端口，其＋、－分别与被测电路输入端的正负端子相连。OUT 是输出端口，其＋、－分别与被测电路输出端的正负端子相连。

点击进行设置：

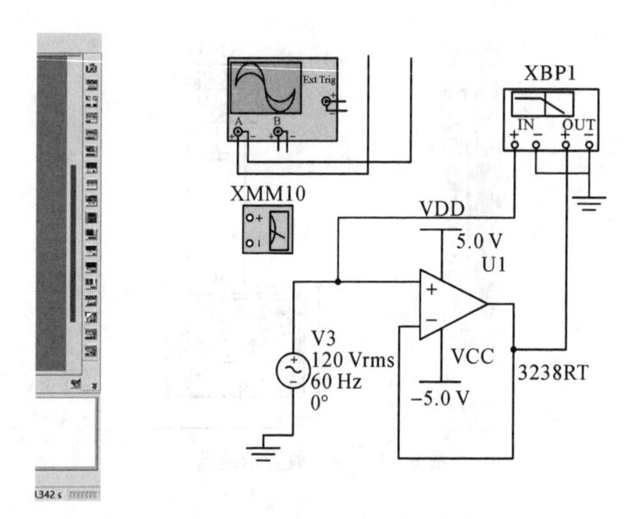

图 5-1-16　放置波特测试仪

(1) 模式有两个,幅值显示幅频特性曲线,相位显示相频特性曲线。

(2) 垂直设定 Y 轴的刻度类型。

测量幅频特性时,单击对数按钮后,Y 轴刻度单位是 dB。

测量相频特性时,Y 轴坐标表示相位,单位是度,刻度是线性的。

(3) 水平确定波特图仪显示的 X 轴频率范围。当测量信号的频率范围较宽时,标尺用 Log。

F 栏:频率最终值;I 栏:频率初始值。

(4) 控件

反向:翻转背景颜色。

保存:以 BOD(波特数据文件)格式保存被测量结果。

设置:设置扫描的分辨率。

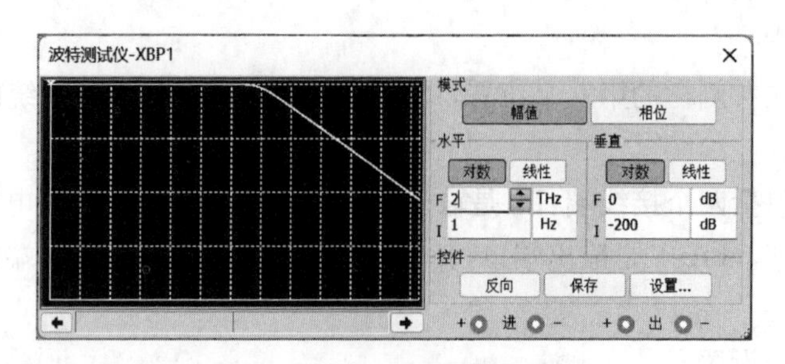

图 5-1-17　波特测试仪界面

第 6 章

Altium Designer 入门

【微信扫码】

Altium Designer 是原 Protel 软件开发商 Altium 公司推出的一体化的电子产品开发系统，主要运行在 Windows 操作系统。这套软件通过把原理图设计、电路仿真、PCB 绘制编辑、拓扑逻辑自动布线、信号完整性分析和设计输出等技术的完美融合，为设计者提供了全新的设计解决方案，使设计者可以轻松进行设计，熟练使用这一软件必将使电路设计的质量和效率大大提高。

Altium Designer 除了全面继承包括 Protel 99SE、Protel DXP 在内的先前一系列版本的功能和优点外，还增加了许多改进和很多高端功能。该平台拓宽了板级设计的传统界面，全面集成了 FPGA 设计功能和 SOPC 设计实现功能，从而允许工程设计人员能将系统设计中的 FPGA 与 PCB 设计及嵌入式设计集成在一起。由于 Altium Designer 在继承先前 Protel 软件功能的基础上，综合了 FPGA 设计和嵌入式系统软件设计功能。

下面给出一个 Altium Designer 20.0.2 的使用例子：用运算放大器 OP07 设计一个放大倍数为 10 倍的同相放大器。

(1) 点击桌面  图标，进入软件。

(2) 点击“File”→“New”→“Project”。

(3) 选择你想保存的路径，修改工程名为“Demo”，可以看到窗口左侧文件名的变化，这样一个工程就新建好了。

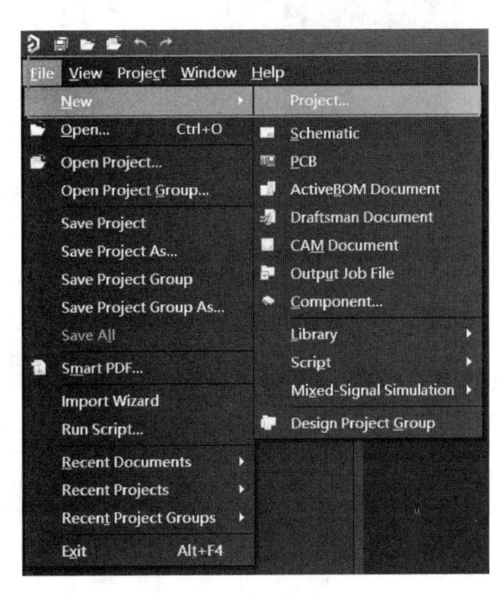

图 6-1-1　新建工程

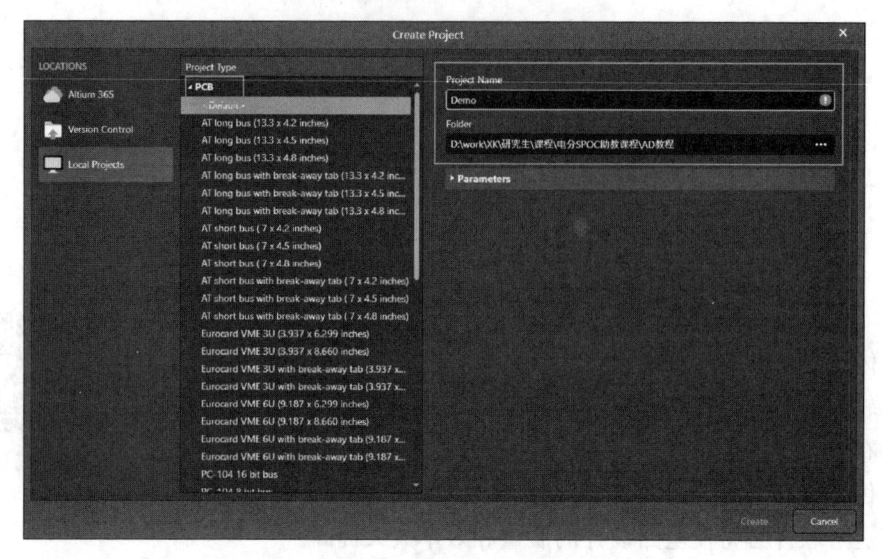

图 6-1-2　修改工程名

(4) 下面在工程中添加文件，点击 “File”→“New”→“Schematic”。

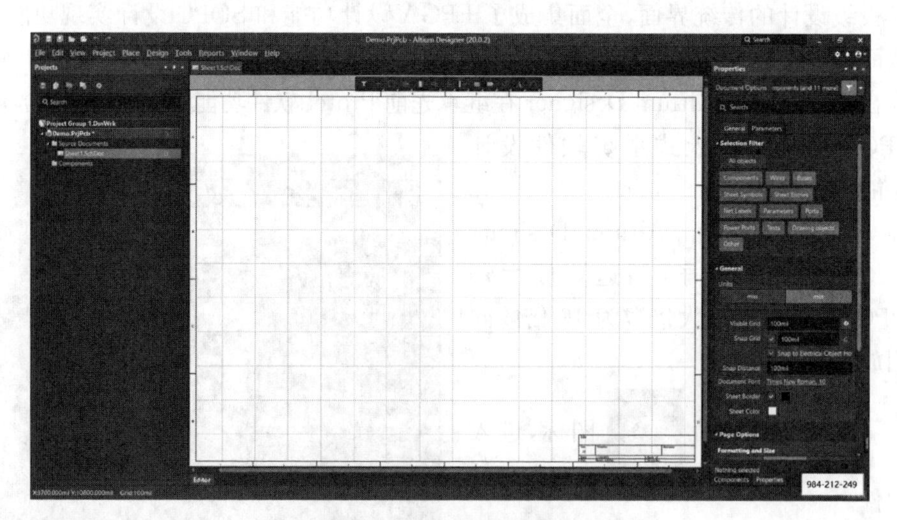

图 6-1-3　新建原理图

点击左上方的保存按钮 ，修改文件名为“Demo.SchDoc”。这样就在工程中新建了一个电路原理图文件。

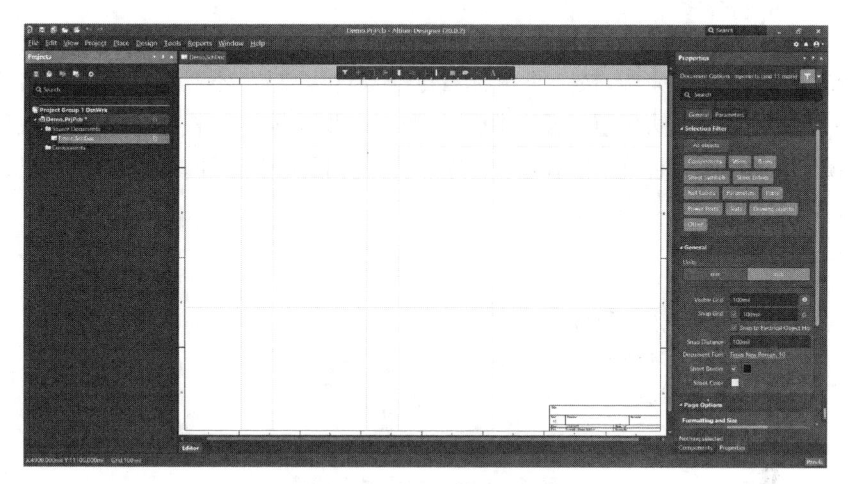

图 6－1－4　修改原理图名称

(5) 绘制电路原理图

点击软件右侧的“Components”按钮，弹出选择框：

在第一个框中选择“Miscellaneous Devices. IntLib”。第二个框中输入 OP 进行查找，找到如图 6－1－5 所示器件。我们需要运算放大器 OP、电阻和接口(用来在外部给直流电，交流信号源和地)。

图 6－1－5　选择元器件

双击“Op Amp”,就可以拖动器件到中间原理图上,确定好位置后点击一下鼠标左键即可放置完毕,按一下鼠标右键完成这次放置,不然软件默认你会连续放置。利用相同方法放置两个电阻。在第二个框中输入查找“Res3”——放置两次,得到两个电阻,注意,在双击完放置器件时,按空格键可以改变器件的反向,每次旋转 90°。

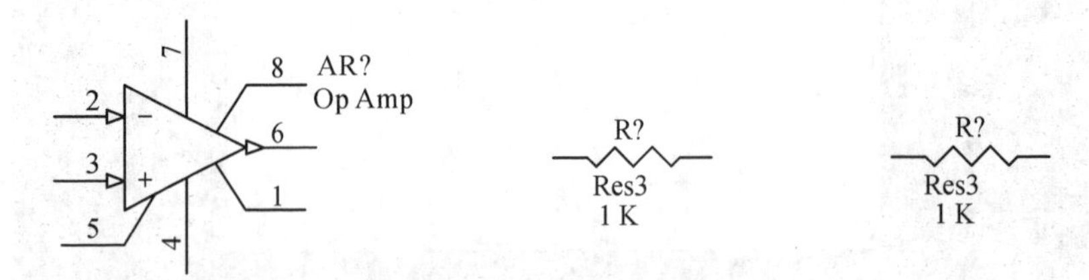

图 6-1-6　放置对应器件

放置接口,用来在外部加电源等。点击软件右侧的“Components”按钮,弹出选择框:在第一个框中选择 Miscellaneous Connectors.IntLib,第二个框中输入“Header”进行查找,找到如图 6-1-7 所示器件,放置一个“Header3”以及两个“Header2”。

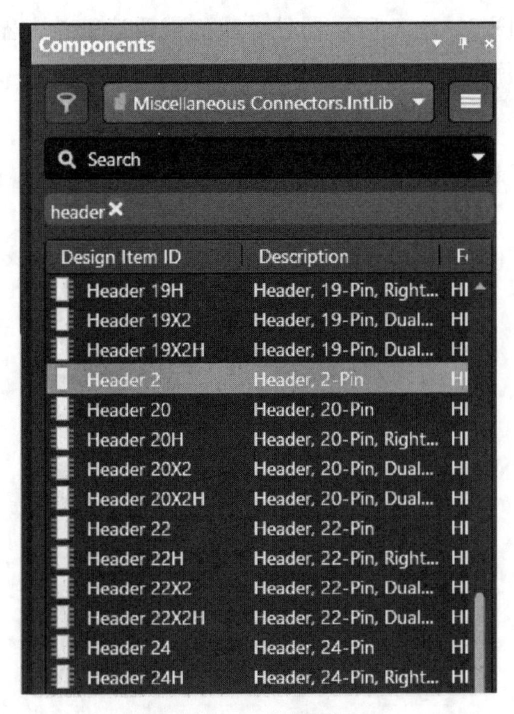

图 6-1-7　放置接口

点击上方的"GND端口"按钮，分别放置一个GND端口。右击GND，可以下拉选择各种接口，我们这里放置两个5 V正电源。

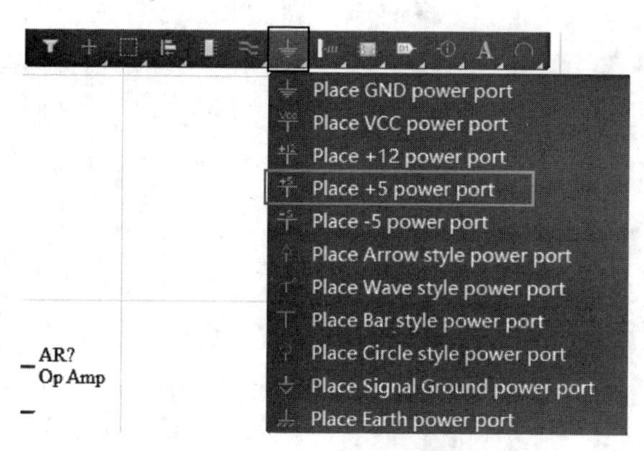

图6-1-8　放置电源和地

这样所有的需要的元器件都已经找到。

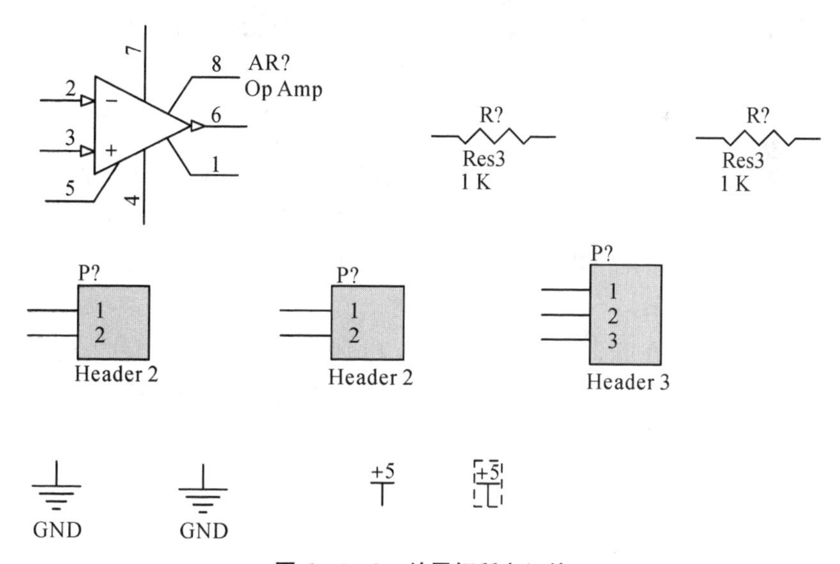

图6-1-9　放置好所有组件

修改元器件参数等到自己需要的值。

双击电阻，弹出"Properties"框，通过修改下面框中的值来调整它的显示。

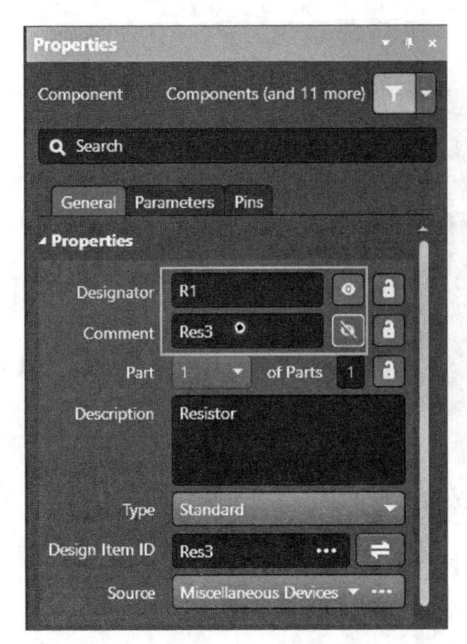

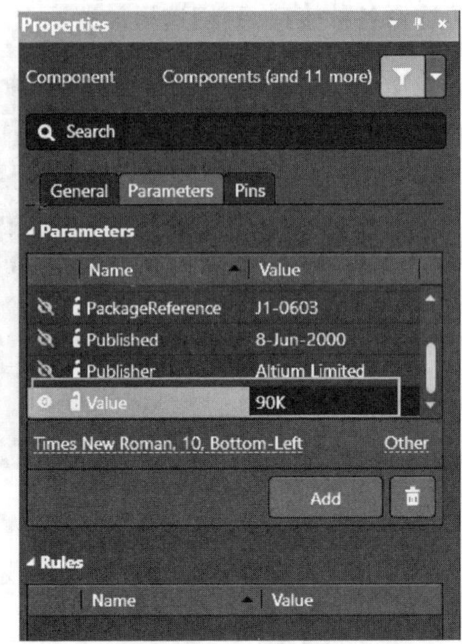

图 6-1-10　修改元器件参数

我们将第一个框中内容改为“R1”，作为器件的名称；将第二个框后面的眼睛图标的勾去掉，再在上面“Parameters”一栏中找到“Value”框，加上要修改的电阻值“90K”，注意前面的“Visible”要勾选，这样就能显示出电阻值了。按下回车键保存，即可看到。

下面修改电阻的封装形式：双击电阻 R1，在“General”下面找到“Footprint”，点击“Add”→“Browse”，选择我们刚才导入的“Miscellaneous Devices.IntLib”，找到一个 AXIAL-0.4 的电阻封装，点击“OK”。

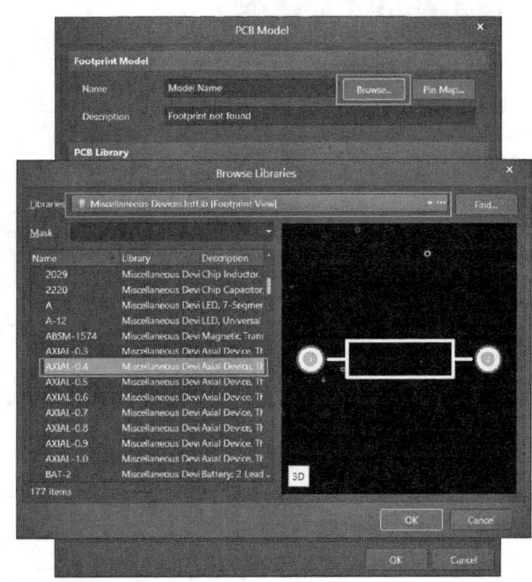

图 6-1-11　修改电阻封装

运用同样的操作，修改其他元器件的显示名称及参数：电阻 R2 的封装也改为和 R1 一样的“AXIAL-0.4”。

修改运算放大器的名称为“U1”“OP07”。封装格式为“DIP-8”：

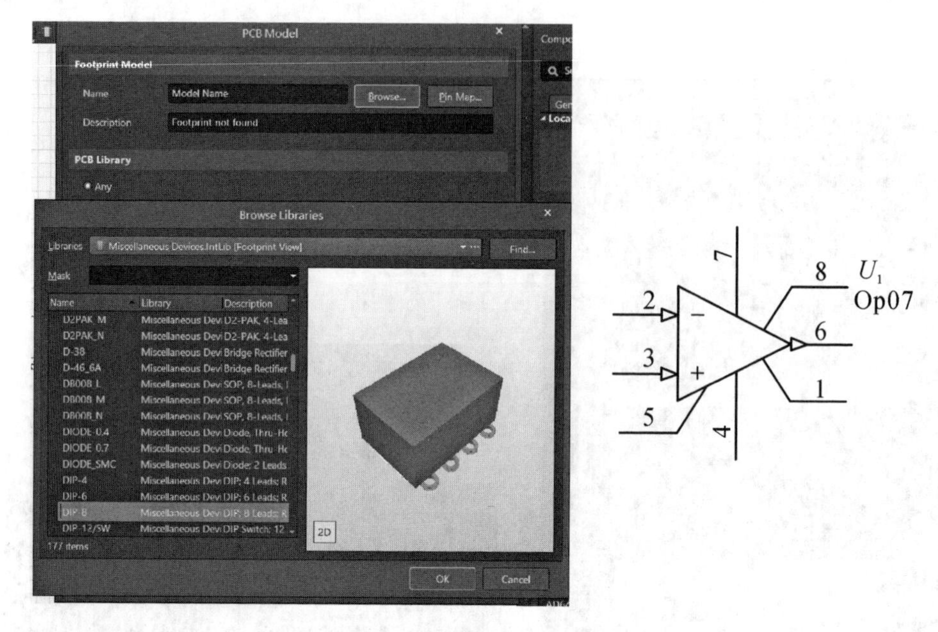

图 6-1-12　修改放大器封装

修改接口名称分别为:“P1”“Vin”“Vout”

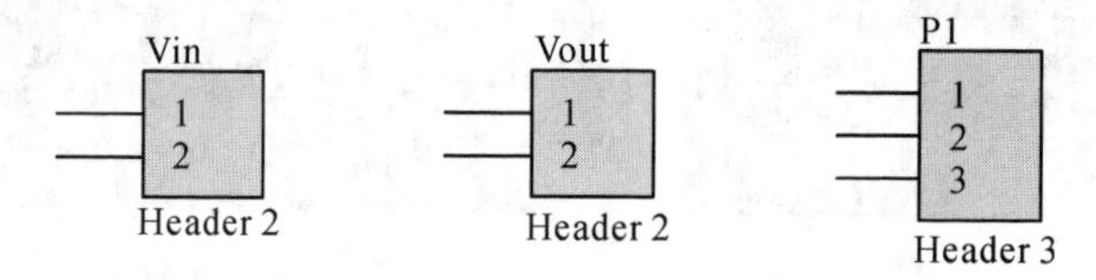

图 6-1-13　修改接口名称

这样所有的器件名称和参数都已经改好了。

调整好器件的布局,准备连线。

点击软件上方的“Place Wire”按钮,按如图 6-1-15 所示连线完成。

点击“Place Net Label”按钮,按下“Tab”键可以直接打开参数修改窗口,修改名字为“Input”和“Ouput”“VCC”“GND”“VEE”放在适应位置(注意:这里使用网格标号是为了简化走线,画原理图时接口网格标号相同的就相当于已经连接上了)。放置的时候注意标号的十字架压在线的顶端。

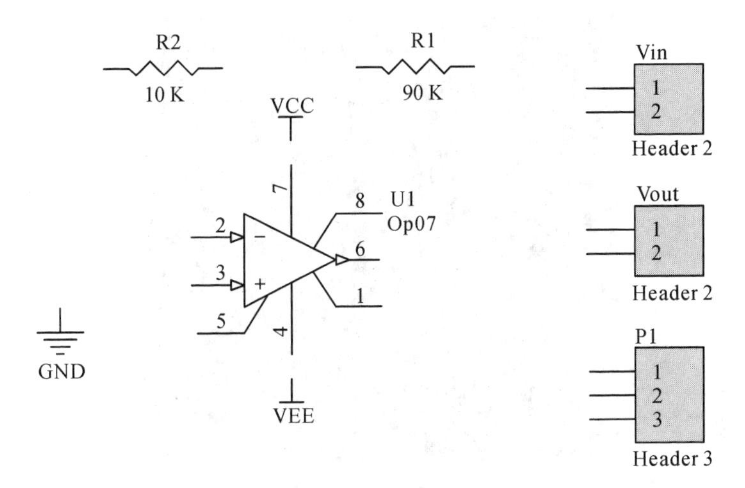

图 6-1-14　调整布局

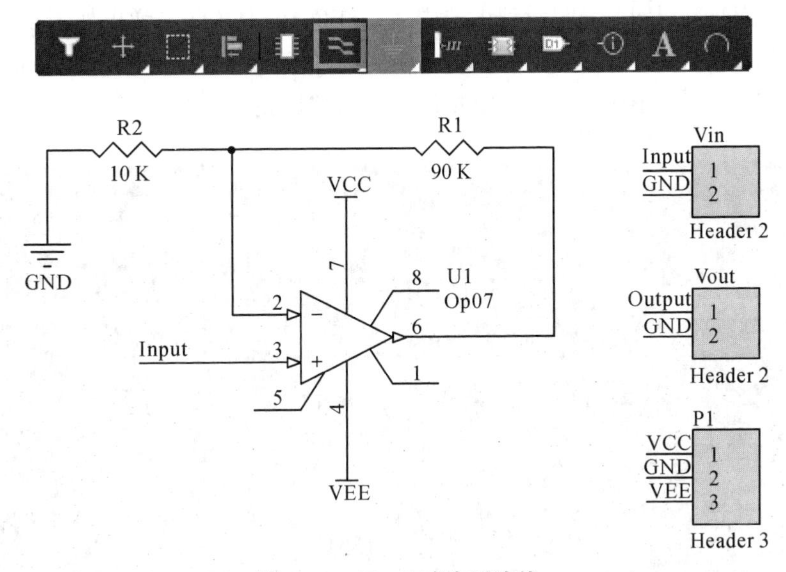

图 6-1-15　完成布局连线

(6) 绘制 PCB

点击“File”→“New”→“PCB”→“保存”，文件名为“Demo. PcbDoc”，然后鼠标选中软件左侧的“Demo. PcbDoc”文件，点击鼠标右键→“Show Differences...”，出现如图 6-1-16 所示对话框。

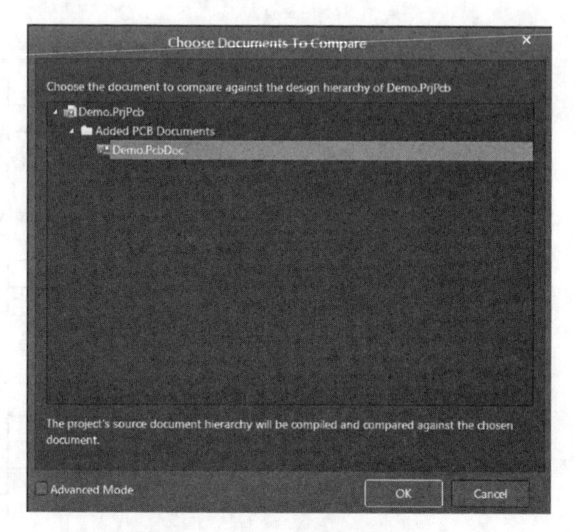

图 6-1-16　添加 PCB 文件

选中“Demo.PcbDoc”，看到被选中后是红色，点击“OK”，弹出如图 6-1-17 所示界面。在任意位置点击右键，点击选中“Update All in >> PCB Document [Demo.PcbDoc]”，图 6-1-17 中左下方按钮被点亮。

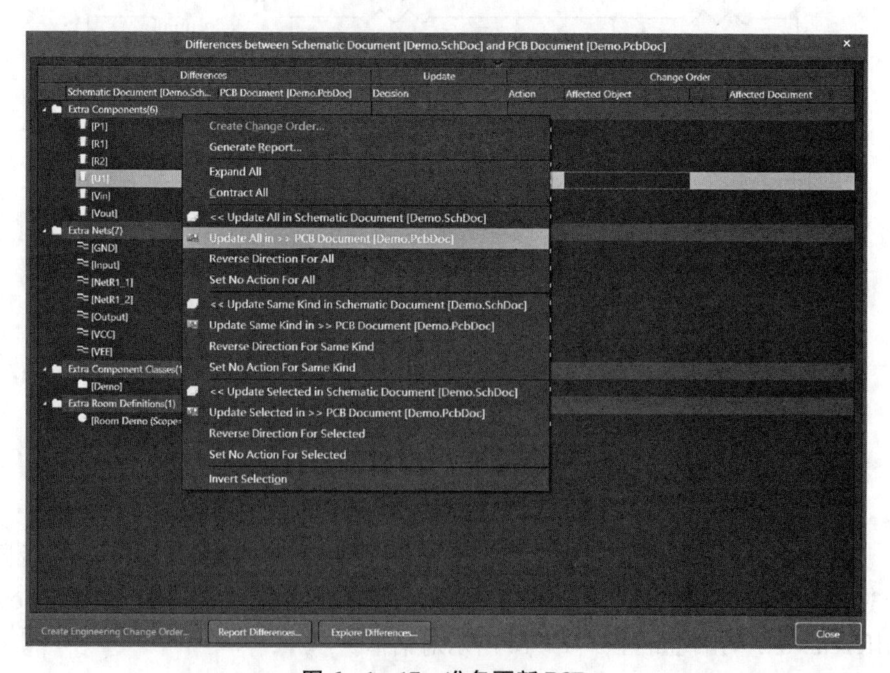

图 6-1-17　准备更新 PCB

点击刚才被点亮的按钮“Creat Engineering Change Order...”，弹出如图 6-1-18 所示窗口。

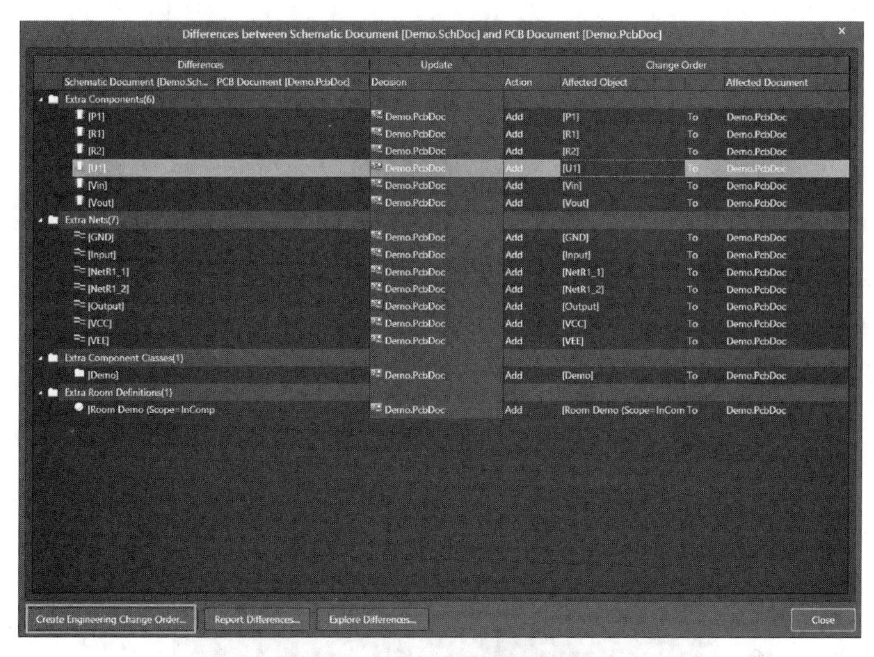

图 6-1-18 加载原理图器件

点击“Execute Changes”。

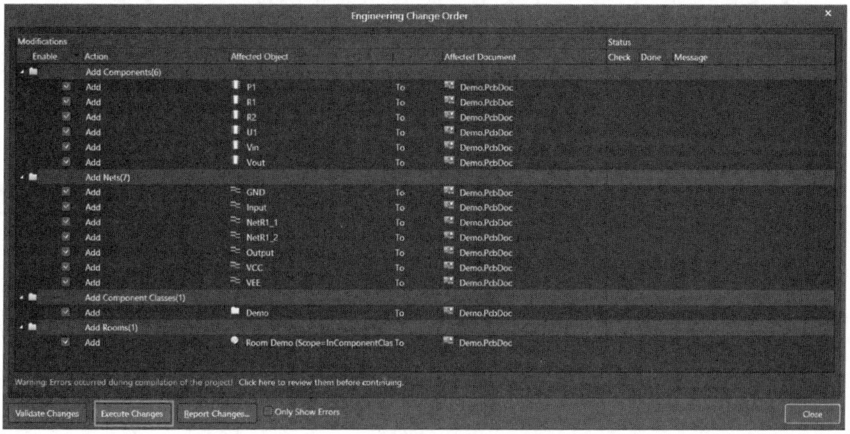

Engineering Change Order

Enable	Action	Affected Object		Affected Document	Check	Done	Message
	Add Components(6)						
☑	Add	P1	To	Demo.PcbDoc			
☑	Add	R1	To	Demo.PcbDoc			
☑	Add	R2	To	Demo.PcbDoc			
☑	Add	U1	To	Demo.PcbDoc			
☑	Add	Vin	To	Demo.PcbDoc			
☑	Add	Vout	To	Demo.PcbDoc			
	Add Nets(7)						
☑	Add	GND	To	Demo.PcbDoc			
☑	Add	Input	To	Demo.PcbDoc			
☑	Add	NetR1_1	To	Demo.PcbDoc			
☑	Add	NetR1_2	To	Demo.PcbDoc			
☑	Add	Output	To	Demo.PcbDoc			
☑	Add	VCC	To	Demo.PcbDoc			
☑	Add	VEE	To	Demo.PcbDoc			
	Add Component Classes(1)						
☑	Add	Demo	To	Demo.PcbDoc			
	Add Rooms(1)						
☑	Add	Room Demo (Scope=InComponentClas	To	Demo.PcbDoc			

Warning: Errors occurred during compilation of the project! Click here to review them before continuing.

Validate Changes　Execute Changes　Report Changes...　Only Show Errors　Close

图 6-1-19 执行更新

点击"Close"关闭，这样再点开"Demo.PcbDoc"文件时可以看到PCB板上元器件，一开始在右侧，将他们整体移动到中间。

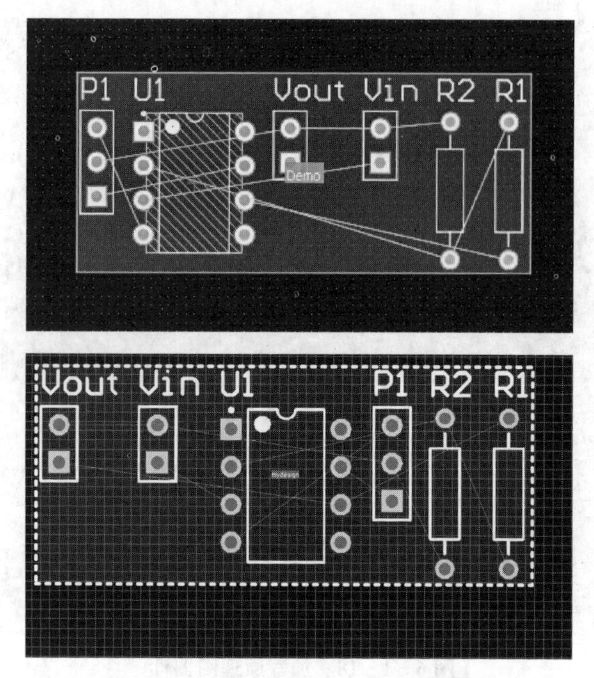

图6-1-20　PCB中加入更新的器件

选中虚线框内的部分，直接将其"Delete"掉，方便查看。移动元器件位置，修改名称方便我们查看，准备走线。

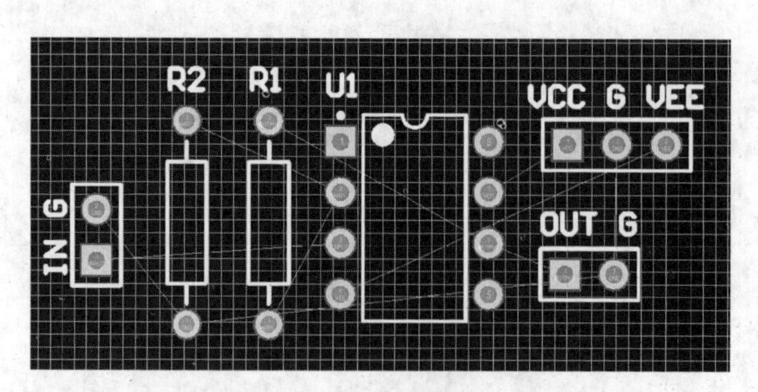

图6-1-21　删除虚线框内部分

点击"Design"→"Classes"，选中"Net Classes"→"Add Class"，点击"New Class"右键重命名为"Power"，并将GND和VCC、VEE加到右边作为一个Class。

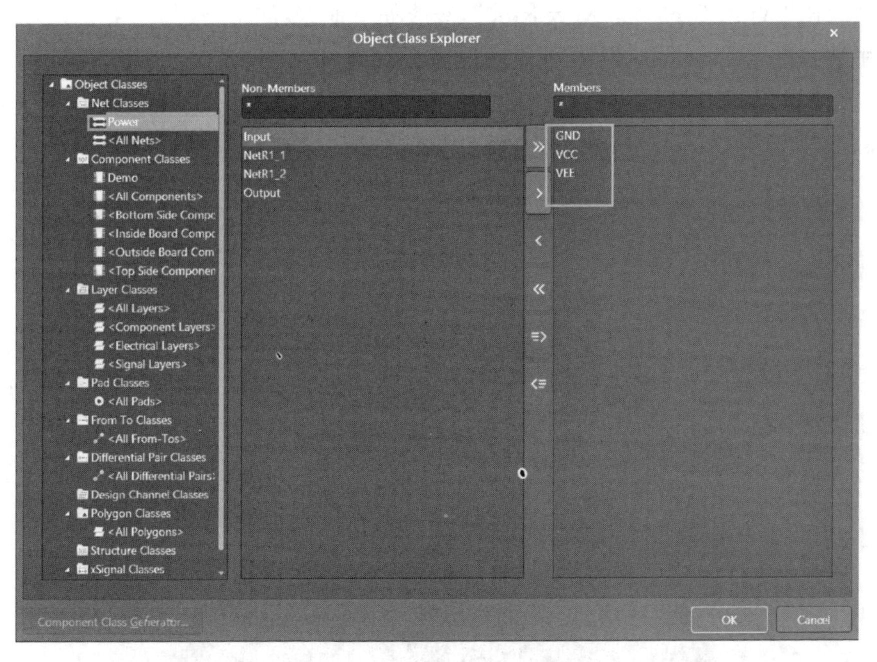

图 6 - 1 - 22　添加 Power Class

点击“Design”→“Rules”→“Width”修改参数，线宽最大值改为 40。

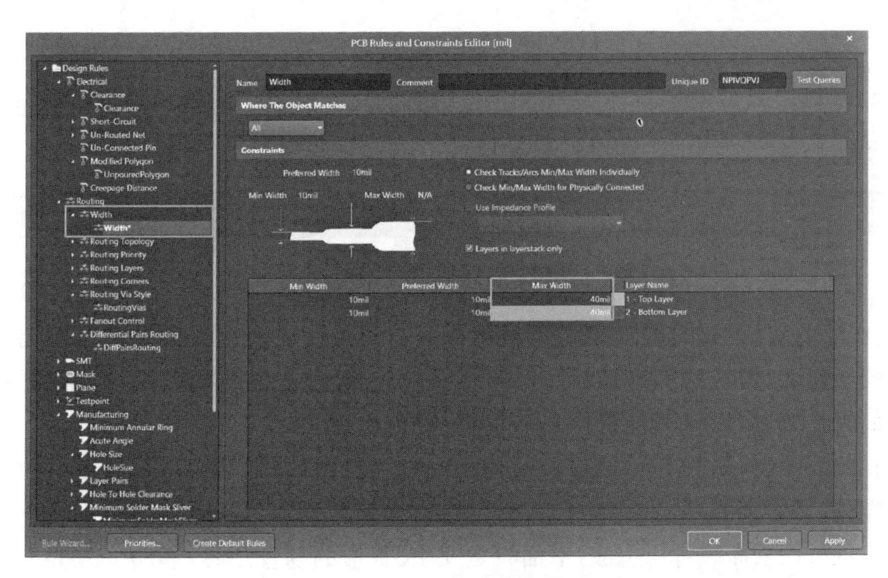

图 6 - 1 - 23　修改线宽规则

点击“Width”→右键“New Rule”，修改如下地方：注意与图 6-1-23 区分，这里选择的是“Net Class”，后面选择刚才添加的“Power”这个 Class。且新添加的这个叫“Width_1”的 Rule 要在刚才“Width*”上面，表示这个规则的优先级更高。

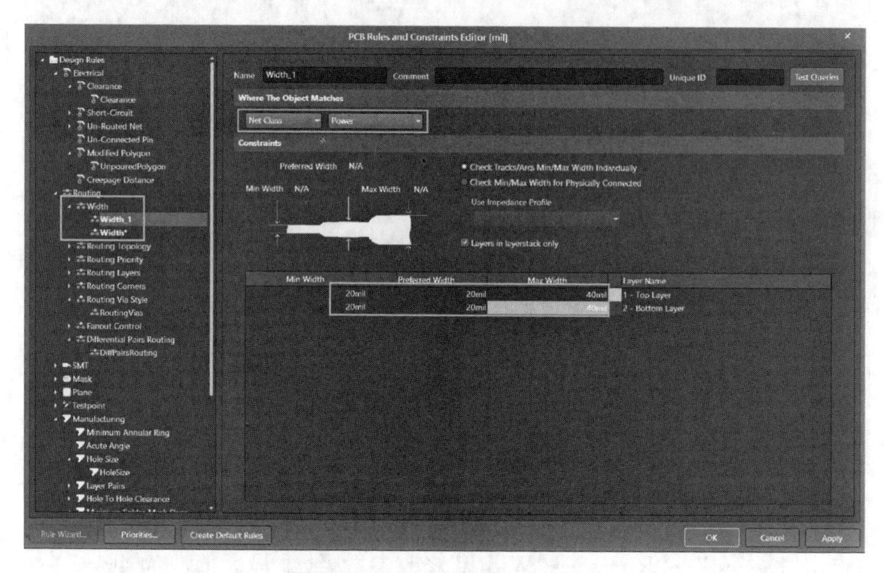

图 6-1-24　添加线宽新规则

这样，线宽的设置就已经完成了，我们设定了电源线和 GND 线宽度最小为 20 mil，最大为 40 mil，默认为 20 mil。下面开始布线，布线之前先要选择图层，先点击下方的“Top layer”，选中顶层。

图 6-1-25　选中顶层

然后点击上方的按钮，可以看到光标点击到器件某一端时，需要和这一端连接的端口会自动点亮，这是软件自带的功能，是根据之前所画的原理图生成的。我们先在“Top Layer”连接上所有的信号和电源线。

改变图层，先点击下方的“Bottom Layer”，选中底层，然后再重复之前的布线操作，将剩余的 GND 连接上。

这样两层布线都已完成，下面将定义 PCB 板的物理边界，移动下方的选择条，选中“Keep-Out Layer”。

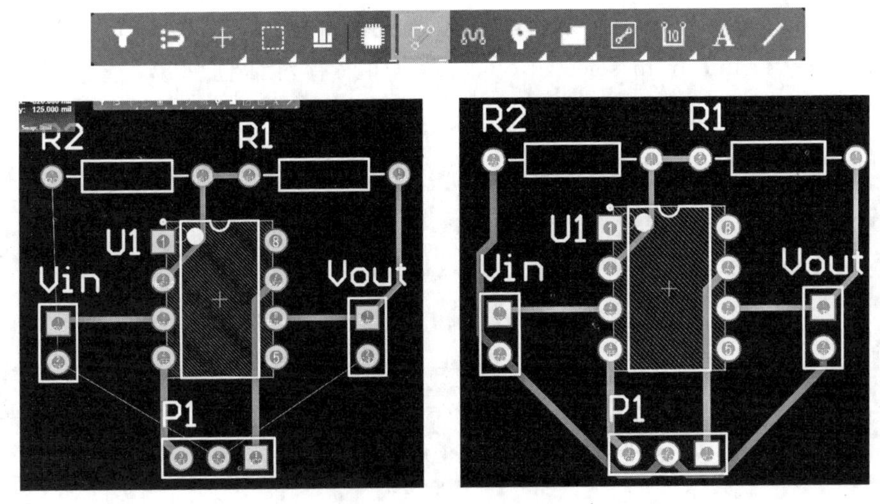

图 6 - 1 - 26　PCB 布线

图 6 - 1 - 27　选中 Keep-out 层

点击“Place”→最后一项“Keep Out”→“Track”，画好矩形的物理边界，角上不尖的地方可以先大致画完后，然后用延长线来微调。

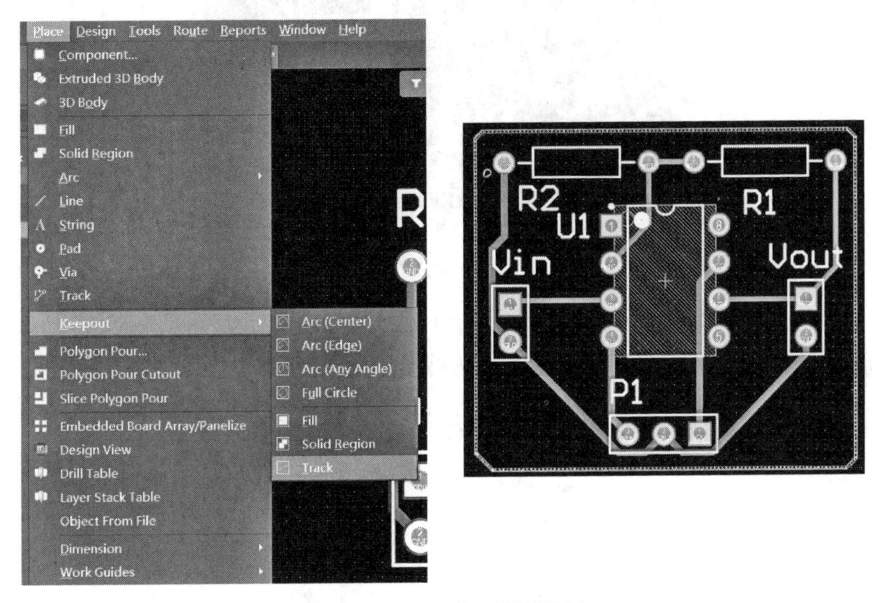

图 6 - 1 - 28　画出板子边界

下面就将板子“割”下来，首先选中所有目标：点击“Design”→“Board Shape”→“Define from selected objects”。如果有对话框弹出，选择“YES”即可。

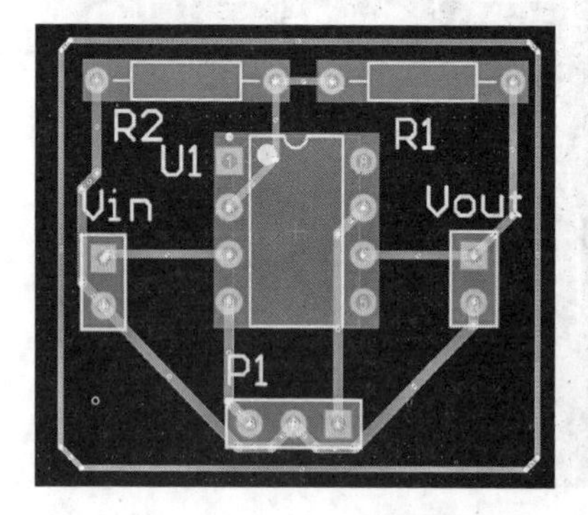

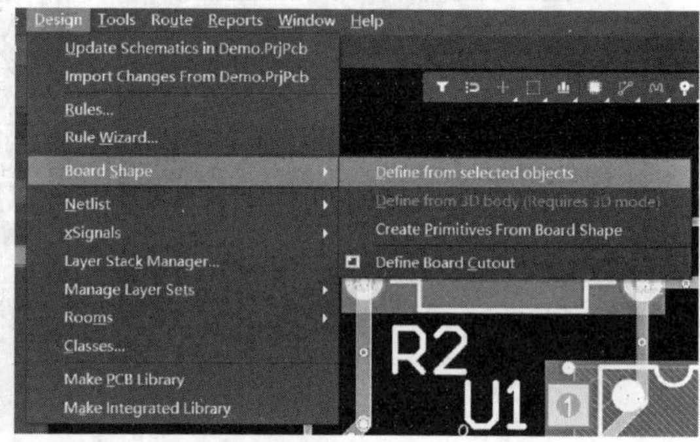

图 6-1-29　选中所有元件并切板

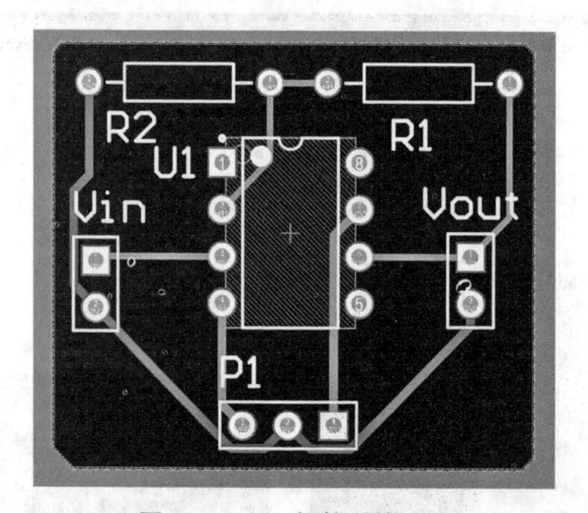

图 6-1-30　切板后的 PCB

下面在板子上“覆铜”：先选择“Top Layer”，点击“Place”→“Polygon Pour”，然后鼠标会变成十字光标，沿着板子边缘点一遍进行多边形铺铜，然后右击板子，就会自动铺铜了，还要注意把“Net”修改成“GND”。

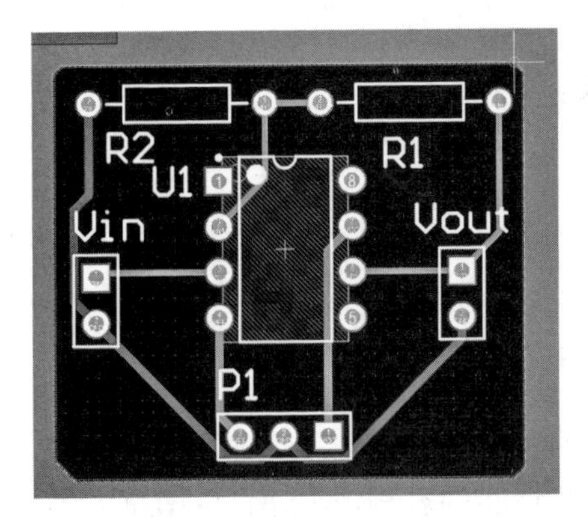

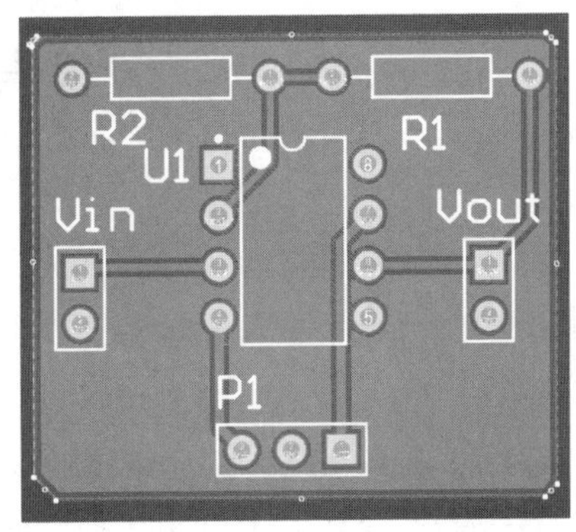

图 6-1-31 顶层覆铜

下面换到第二层“Bottom Layer”，进行覆铜。重复刚才的操作即可。这里注意下层也需要铺铜到地。

到此我们就完成了一块最基本的 PCB 板的绘制，绘制完成后即可进行加工制板。

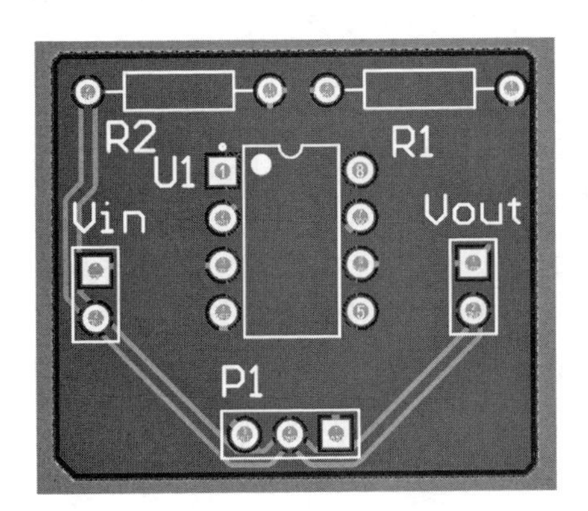

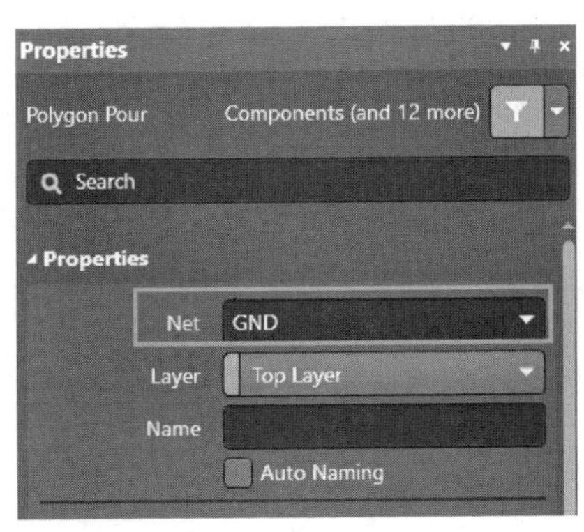

图 6-1-32 底层覆铜

参考文献

[1] 邱关源.电路[M].5 版.北京:高等教育出版社,2006.
[2] 沈一骑,孔令红.电路与电工原理研究性实验教程[M].南京:南京大学出版社,2012.
[3] 康华光.电子技术基础:模拟部分[M].6 版.北京:高等教育出版社,2013.
[4] 陈孝桢,张丽敏.模拟电路实验[M].南京:南京大学出版社,2013.
[5] Phillip E. Allen, Douglas R. Holberg. CMOS 模拟集成电路设计[M].2 版.北京:电子工业出版社,2005.
[6] 毕查德·拉扎维.模拟 CMOS 集成电路设计[M].西安:西安交通大学出版社,2002.